基恩斯的再現性工作技術

いつでも、どこでも、
何度でも卓越した成果をあげる　再現性の塊

平均年薪超過兩千萬日圓的人
怎麼工作？

恩斯員工不靠運氣而是建立模式、
製成果，成為再現性人才。

曾於基恩斯擔任顧問工程師
KAKUSIN公司代表董事、
著作銷售破10萬本
田尻望◎著
李友君◎譯

目錄

第2章 我在基恩斯學到的需求掌握法

第3章

頂尖業務都是厲害的再現性人才

第4章 基恩斯為什麼這麼強？

第5章

再現性的流程與基礎概念

第6章

從現在起，你也能成為再現性人才

推薦序一

從價值創造，到可複製的卓越表現

《看得見的高效思考》作者、鉑澈行銷顧問策略長／劉奕酉

企業競爭的本質是創造市場難以取代的價值，這正是基恩斯（KEYENCE）得以成為世界級企業的關鍵。該企業並非僅生產工業設備，而是透過「高附加價值」的經營哲學，確保每一次的產品創新、銷售策略、甚至組織運作，都能帶來無法被輕易複製的價值。

這樣的模式，讓基恩斯在不同市場環境中始終保持競爭優勢，並成為許多企業學習的標竿。

本書作者田尻望在前作《最高附加價值創造法》中，深入剖析基恩斯的「高附

加價值創造」思維，並強調**真正的價值不僅來自產品或服務本身，而是來自洞察「需求背後的需求」**。換言之，企業或個人若能真正理解市場的本質，就能超越競爭者，為客戶提供難以取代的價值。

然而，創造價值並非終點，如何讓這種卓越表現變得可再現，才是更高層次的挑戰，也是作者在書中所要探討的核心問題。

再現性，代表的**不僅是穩定發揮個人能力，更是組織或企業能否在各種環境中，持續產出卓越成果的關鍵**。本書從習慣養成、決策機制、工作方法等多種角度，探討如何透過系統化的方法，確保在不同場景、時間點、甚至不同的人身上，都讓個人與組織能穩定的創造價值，讓成功不再依賴偶然因素。

這和基恩斯的經營哲學，也有著高度共鳴。

其成功不僅僅是因為產品技術的領先，更是因為建立了一套可再現的卓越表現機制。舉例來說，**基恩斯的銷售團隊被公認為是業界最強**，但這並非因為公司聘用了天才級的銷售人員，而**是由於設計了一套標準化、數據驅動且精準的銷售流程**，使得每位業務人員都能發揮最佳水準。

書中強調，許多人誤以為成功來自天賦或運氣，但真正的關鍵在於能否讓成功模式變得可複製。無論是在職場、創業或管理，甚至是個人成長，若能找到一套可以穩定發揮的機制，便可不斷複製卓越成果。

本書內容不僅適用於企業管理者，也有助於所有希望穩定提升工作成果的讀者。**成功不該是偶然，而是能透過精確的策略與持續的改善**，使其成為再現的必然結果。

本書將進一步提供具體的方法論，幫助認同高附加價值重要性的人，從一次性的成功邁向持續的卓越。

推薦序二

穩定成就感的起點：不是更努力，而是聰明的「再現」

Podcast《那些學校沒教的事》主持人／Janet Lin

職場上最令人挫敗的，莫過於你照著成功案例一步步操作，卻依然卡關；看似按表操課，結果卻總是差那麼一點。而身邊的同事，輕鬆自然、毫不費力，就能一次又一次交出漂亮成績。那種感覺就像是大家都在玩同一套遊戲，只有你拿到缺頁的規則書。

而《基恩斯的再現性工作技術》就是你一直在找的那一本。

本書不是談天分，也不是依靠靈光乍現的好點子，而是每個人都能練習、內化的一種職場底層邏輯——再現性。所謂再現性人才，就是那些無論換到哪個場景、哪種任務，都能穩定創造成果的人。他們並不是特別幸運，只是懂得怎麼把「做對的事」變成可複製的日常節奏。

身為 Podcast 主持人與內容創作者，過去五年，我訪問超過百位創業家、職人與企業領袖。每一次深度對話後，我總會反思：為什麼有些人能穿越產業的浪潮與時代的變動，始終**穩定創造價值？答案往往不只是努力，而是更會「拆解成功」、更懂得「如何再現」**。

我們總以為成績來自天分，但現實職場不賭天分，它賭的是——**你是否擁有可複製的能力**。

《基恩斯的再現性工作技術》不只教你如何提升績效，更像是一本給每位現代職人準備的「職場求生教科書」。作者田尻望以他在基恩斯與企業顧問領域多年的實戰經驗，整理出一套跨部門、跨角色、跨產業，皆適用的操作流程與思維方式，幫助你把「偶然的亮眼表現」轉變為「可被預測的穩定成果」。

我常聽到年輕工作者的心聲：「我真的很努力，為什麼還是沒成果？」其實，問題不在於努力不夠，而是少了一個可以穩定複製成功的系統。

我非常認同書中有個觀念，「**真正讓人買單的，不是你做得多辛苦，而是你能否精準掌握對方的需求**」。再現性人才厲害的不是話術，而是那份願意深挖客戶內心渴望的敏銳。

更重要的是，這一切其實都可以被練習。

作者不只告訴你「該怎麼想」，也手把手示範「該怎麼做」——從落實PDCA循環，到如何用數字呈現你的價值（詳見第五章、第六章）。甚至連「早上有精神的打招呼」這種看似微不足道的小事，也可能成為讓人對你留下深刻印象的決勝關鍵。**再現性不是神技，是你每天願意觀察、記錄、調整、再試一次的累積**。

我特別喜歡書中潛藏的一句核心精神：你不需要靠一次的成功證明自己，而是要讓成功變成一種可以自然運作的節奏。一旦建立節奏，會讓你越來越篤定、越來越自在的創造價值。

如果你也曾在心中吶喊：「為什麼我做不到？」那麼這本書會像一盞燈，不一定馬上照亮整條路，但它會給你一個明確的方向，讓你知道**下一步該怎麼走得更穩、更準，也更有信心**。

創造成果，不該只是偶然。讓穩定、不依賴運氣的成就感，從這本書開始。

前言
再現性人才，企業搶著用

職場上分成兩種人，一種是再現性人才，無論何時何地，都能屢屢拿出卓越成果；另一種是非再現性人才，完全拿不出成績，或者偶爾成功一次，無法持續創造亮眼結果。

事實上，這兩者之間存在明確的差異——累積成果的方式完全不同。

我們先看下頁圖1。非再現性人才不懂拿出成果的竅門和思維，就算偶然在某個企劃獲得成功，也會以一次告終，他們無法把這份成功的關鍵，複製到另一項工作上，最終回到原點，沒有任何收穫。

因為，這類人的工作方式是僅限當下，所以無法不斷拿出成果，也不會累積成功需要的知識。

而再現性人才會隨著時間推移，穩定的累積成果（見左頁圖2）。

因為他們擁有隨時都能用的工作思維，以及奠定其基礎的掌握需求法則，並建立回顧機制，探討「為什麼當時能取得成果」、「怎麼執行」、「該怎麼複製，才能避開相同的錯誤，達到好結果」等，進而屢次拿出成績（回顧機制會在第六章詳細說明）。

累積成果之後，再加上發揮你的個人特質，根據工作狀況來應變，便能產生獨

圖1　非再現性人才的工作方式

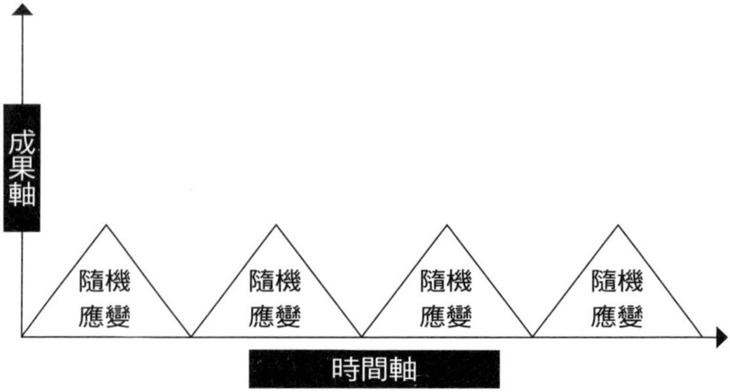
成果軸
隨機應變
隨機應變
隨機應變
隨機應變
時間軸

一無二的價值。

這就是兩者的不同。

假如你是經營者，職員中有沒有再現性人才，會大幅影響公司產能、利潤、股價以及最後支付給員工的薪水多寡。從個人角度來看，不管你是不是領導者，能否做到再現，都會劇烈影響成果，進而大幅影響人事評估和薪水。

若你是經營者，想提升自家公司營收；如果你是管理人員，希望拉高團隊產能；假設你是一般員工，想提高自己工作績效，不妨翻開本書仔細閱讀。

圖2　再現性人才的工作方式

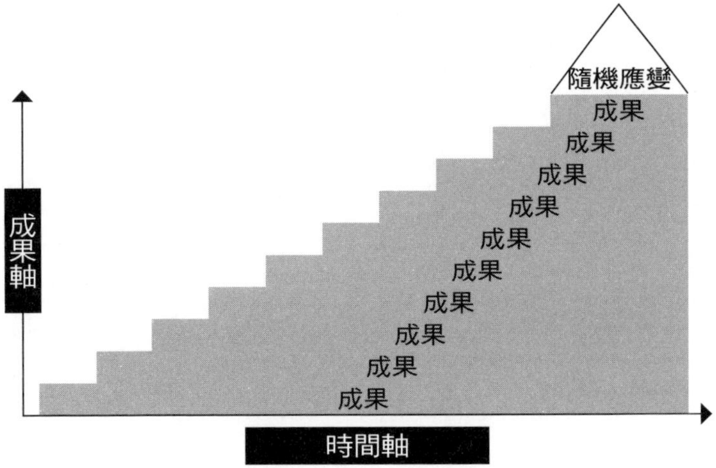

我在書中分享成為再現性人才的祕訣，教你如何用最少的資本和時間，持續開創價值，並建立機制，打造誰也擊不垮的強韌成果。

其實，我們現在做的所有工作，都是在實現別人的需求。換個方式形容，就是從實現別人的需求、解決令人煩惱的問題中，產生幫助別人的商品、服務及工作。

由此可說，需求是工作的起點。能否順利掌握客戶需求，將決定你的公司、服務及負責的工作，能否締造獨特的價值。

只要持續思考「需求是什麼」，就會發現有價值的事物，也會發現擴展價值的方法，這就是拿出成果的再現技巧。換句話說，**只要具備掌握需求的能力，就能不斷複製成果**。

我會在書中針對奠定所有工作的需求，傳授準確掌握個人和企業需求的技巧，以及如何活用。

需求掌握法不只可以當作商務技能，也能應用在人際關係上。

我應屆畢業進入基恩斯公司從事顧問工程師，之後以企管顧問的身分開業，向商務人士提供資訊和培訓，在這個過程中，我整理出成為再現性人才必備的工作思維、需求掌握法。

只要學習這兩件事，就可創造自己才能提供的價值，進而成為能一直貢獻所屬公司、客戶及社會的人才。

如下頁圖3所示，我替這段流程建立體系，我稱其為工作建構法。現在只需要認知「這是威力強大的圖」就夠了。我會在第四章再次提及並詳細說明。

為了讓各位自然學會工作建構法，我會先講解無論何時何地都能用的工作思維、需求掌握法，還有我任職基恩斯時學到的機制及其他相關知識。

不管在什麼行業、產業及職務，只要學會工作建構法，就會成為可以提供價值的人才。

今後AI和其他科技越進步，商務環境改變越劇烈。即使如此，仍存在不變的事物。那就是從事有價值的工作，滿足個人和公司的需求，解決煩惱。

哪怕科技發展得多先進，個人和公司一定有感到開心的事，或因煩惱而想要解

圖 3　工作建構法：建構新商品和事業的流程

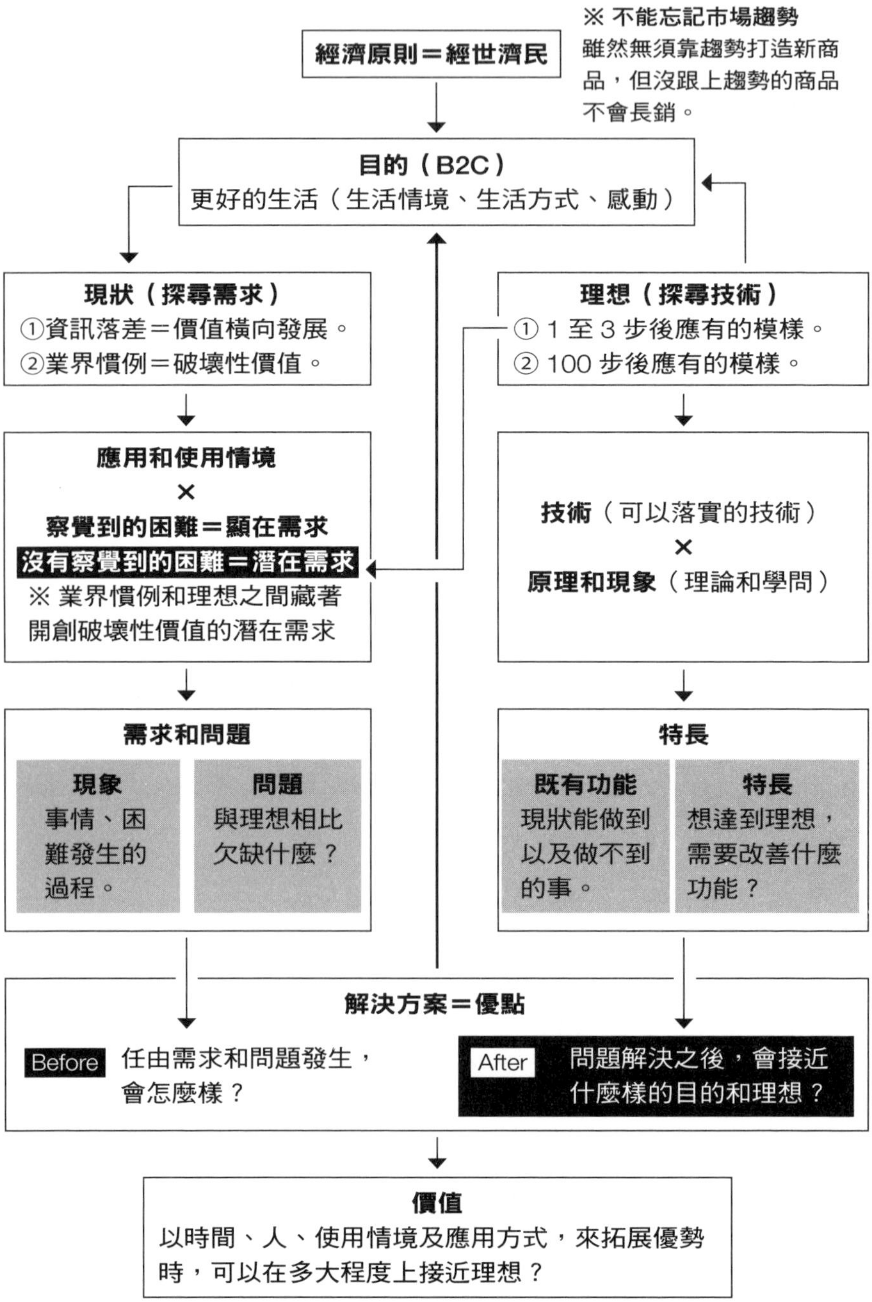

※ 不能忘記市場趨勢
雖然無須靠趨勢打造新商品，但沒跟上趨勢的商品不會長銷。
經濟原則＝經世濟民
目的（B2C）
更好的生活（生活情境、生活方式、感動）
現狀（探尋需求）
①資訊落差＝價值橫向發展。
②業界慣例＝破壞性價值。
理想（探尋技術）
① 1 至 3 步後應有的模樣。
② 100 步後應有的模樣。
應用和使用情境
×
察覺到的困難＝顯在需求
沒有察覺到的困難＝潛在需求
※ 業界慣例和理想之間藏著開創破壞性價值的潛在需求
技術（可以落實的技術）
×
原理和現象（理論和學問）
需求和問題
現象
事情、困難發生的過程。
問題
與理想相比欠缺什麼？
特長
既有功能
現狀能做到以及做不到的事。
特長
想達到理想，需要改善什麼功能？
解決方案＝優點
Before
任由需求和問題發生，會怎麼樣？
After
問題解決之後，會接近什麼樣的目的和理想？
價值
以時間、人、使用情境及應用方式，來拓展優勢時，可以在多大程度上接近理想？

決的事，這些都是有價值的事物。若能針對這一點提供服務和商品，也就是持續創造價值，就能成為一直貢獻社會的人才。

現在請容我稍微介紹自己。

我是企管顧問公司 KAKUSIN 的代表董事——田尻望。

我在前著《最高附加價值創造法》談到，我曾幫年銷售額五百億日圓（按：約新臺幣一百一十四億元。本書日圓兌新臺幣之匯率若無特別標註，皆以臺灣銀行於二〇二五年四月牌告匯率〇．二三元為準）規模的人力公司，月營收增加到八千九百萬日圓（約新臺幣兩千零二十五萬元）；協助年銷售額兩百億日圓（約新臺幣四十五．五億元）規模的電話服務中心，月營收增加一．四億日圓（約新臺幣三．一九千萬元），而且是在短短三個月內急速提升利潤。

接著更大幅邁進，現在能從年銷售額四千億日圓（約新臺幣九百一十億元）規模的公司，接到提升業務產能的委託案，以及從銷售額超過兩兆日圓（約新臺幣四千五百五十三億元）的企業接到案子。

為什麼我能接到這樣的委託？祕訣正是本書的主題——再現性。由於客戶希望能再現我公司提供的「提升企業價值」，所以才聯繫我們。

換句話說，找我（和我公司）諮商的企業中，經過改善，提升其價值（包括成交單價和成交率、增加回購率、擴大市占率、提高人才留任率、降低離職率……），其他客戶見狀後，期盼自家公司也能獲得同樣成果。

正因我們針對這些需求，能不斷重現結果，所以才會接到委託案。

甚至，某客戶的報告指出，原本預估的價值提升額是一年五十億日圓（約新臺幣十一．四億元），現在卻超過一百二十億日圓（約新臺幣二十七．三億元）。而且，提升客戶企業的價值之後，我收到越來越多來自客戶的感謝，這比任何事情都還讓我開心。

個人的價值是從感動中誕生。可以說，價值是掌握人心。

不過，真正重要的是延續成功。

想要穩定發展事業，絕不可能靠「只有一次、偶然及僥倖」來獲得成功，企業必須「持續、必然及準確」的提供身為人渴望的事情、想要的商品。

正因為工作是要持續掌握人心，所以為了實現這一點，得提升技巧，不斷掌握客戶需求，進而產生價值。

我希望翻開本書的你能成為再現性人才，在工作中拿出成果，持續提供價值給社會和客戶。

第1章

再現性的工作思維

1 對的事重複做，錯的事別再犯

「那個人每次都能創下驚人的成績。」想必你在公司裡聽過這樣的傳聞。這是因為再現性人才知道，**想拿出成果，對的事重複做，錯的事別再犯**。其實，不論業務、人事、行銷、設計、廣告、品牌管理、商品開發……所有工作都是如此。

舉例來說，業務傳遞商品或服務的價值，促使對方掏錢購買；人事要傳達企業文化或工作魅力，誘使他人來應徵或加入公司；行銷或廣告藉由宣傳商品訊息或魅力，讓顧客產生興趣並消費；設計或商品開發則要配合使用者的需求，製造產品和傳達價值，讓他人使用商品或回購服務。像這樣，以更宏觀的視角觀察工作，就會發現無論哪個職業，其目的在於「傳達價值且促使對方行動」。

為了讓人人都能成為再現性人才，本書分享我進入基恩斯後，一邊從事顧問工程師，一邊學習，接著創業，幫一百五十間公司培訓、諮詢超過一萬人，從接觸到的再現性人才身上所看到的工作思維：

1. 關注其他公司「正在實現什麼」，而非「正在做什麼」。
2. 留意存在、行動及結果。
3. 構思「需求 × 功能 = 解決方案」。
4. 始終思考「趨勢 × 需求 × 技術」。

只要學習並應用，必然會持續留下成果。接下來，我會逐一解說上述幾點，若想提供顧客具有高價值的新商品、企劃，這幾點就是不可或缺的觀念。

再現性重點

所謂再現，就是複製對的事，錯的要避免再犯。

2 關注競爭對手為什麼推出這商品

我們先從再現性人才必備的工作思維第一點開始說明。

有些經營者、商品企劃人員、行銷或銷售人員，經常關注其他公司正在做什麼。可是，一開始就過度在意這一點，無法為公司帶來多大幫助。

我認為，**最重要的應是看看其他公司正在「實現」什麼**。

換句話說，就是留意「競爭對手為什麼（為了什麼）推出這項商品」、「這項商品要解決誰的什麼問題，產生什麼優點和價值」。

假設你的公司是ＩＴ企業，打算推出新型雲端基礎業務自動化工具到市場。

這時，不能只是單純判斷「因為其他公司推出這個工具，所以我們也要出」、「因為競爭對手正在推類似的產品，我們在這個市場可能不會賣」。重要的是了解這項新工具「能解決什麼企業或部門什麼課題」、「能帶給顧客哪些具體而獨特的價值或功效」。

例如，分析其他公司的商品，或許會發現它具備某種功能，像是能簡化複雜的業務流程，進而提升效率，即使資源有限的中小企業也能施行等。

或許聽起來像是簡單的差異，但換作是自己的業界，許多人就無法深入分析，最後只說：「每家公司情況不同，所以沒辦法做到差異化，只能壓低價格銷售。」我們不要這樣做，而是確實掌握其他公司本質上正在實現什麼，進而在不同市場中，提供其他公司無法實現的價值；或者即使在相同市場中，也能做出差異，甚至提供更為優秀的解決方案。

尤其是新商品企劃，掌握本質更是重於一切。要找出是誰有什麼問題、怎麼解決、該提供什麼價值，而不是「其他公司正在做什麼，就模仿」這種表面的觀點。了解這一點之後，就不會輕易說出「競爭對手出了這樣的商品，我們也要做類似的東西」這類的話。

當你分析競爭對手推出的新商品特長或優點，知道該商品實現顧客什麼樣的顯在需求，就會曉得接下來，自己公司「要製造同樣的東西，且賣得更便宜」，或找出其他潛在需求，並製造能滿足需求的商品。

因為人的需求永無止境，所以，潛藏需求必定存在。

附帶一提，「製造同樣的東西，賣得更便宜」這項方法，說白了就是大量生產，便宜販售功能完全相同的類似商品（仿冒品），是大企業可以採取的策略。這個方法能獲得某種程度的收益。但這招對中小企業來說勝算不大，不建議這樣做。

只要洞悉競爭對手率先推出的產品解決顧客哪些困難，將來自家公司發展新事業時，就能將其作為判斷有沒有價值的依據。

再現性重點

留意其他公司本質上正在實現什麼，而非表面上正在做什麼。

3 哪些事情現在必須做卻沒做？

工作思維的第二點「留意存在、行動及結果」，提到留意存在，意思是注意客戶企業裡，是否存在「必須有卻沒有」或「沒有也可以卻有」的人事物。

留意行動，則是關注客戶企業，是否有「不想做卻正在做」或「必須做卻沒做」的事。只要聚焦存在和行動，便能看出其問題或需求。

例如，日本以前有間汽車維修公司需要完成所有的車檢項目，卻被揭露沒有確實執行。明明必須做卻沒做，可推測該公司沒有推動自動化或提升效率。若是建立機制或系統就可以解決的問題，表示這裡可能潛藏著需求、有暢銷新商品的線索。

留意結果，意思是關注客戶行動後的結果。

假設，以顧問的立場觀察客戶時，要留意該公司做了哪些努力，且獲得哪種結果，若客戶說「成本太高」、「產能持續低落」或是「出現赤字」，我們就要從結果倒推，設想這個問題的根本原因是什麼，再找出對方本質上的需求。

舉個例子，某企業付諸行動後結果卻很糟，就要設想可能是「有人偷懶」、「工作產能低下」、「這個商品原本就沒有創造出價值」等原因造成的。從這裡倒推後，掌握客戶公司的真實情況和課題。

請記住，**客戶這時的解釋不要照單全收**，因為我們無法肯定對方認定的事情，是他們的真正需求。不過只要我們從存在、行動及結果等三個角度觀察，就一定會發現對方真正需要解決的問題是什麼。

再現性重點

存在：留意客戶企業中，是否存在必須有卻沒有，或沒有也可以卻有的人事物。

行動：留意客戶企業是否有不想做卻正在做，或有必須做卻沒做的事。

結果：關注客戶行動後的結果。

4 你的商品能幫客戶解決什麼問題？

接著要談的是，構思「需求 × 功能 ＝ 解決方案」。簡單來說，解決方案就是藉由自家企業提供的功能（商品或服務能做什麼），來解決顧客的困難（需求）。其問題的難度，會決定功能的價值。而能否不斷解決問題，則大幅影響你和你所在企業的價值。

商品企劃的初始階段是探尋需求。

我們在弄清客戶要什麼時，必須細分並深入探索「客戶的使用情境層級」，說得更清楚一點，就是「想要解決什麼情境上的困難」。

客戶需求可分為顯在跟潛在兩種，也就是自己察覺到和沒有察覺到的事情。

假如能洞悉客戶碰到的困難會讓他們出現哪些損失，再針對其問題找出自家商

圖 4　解決方案，就是指自家產品功能能解決什麼困難

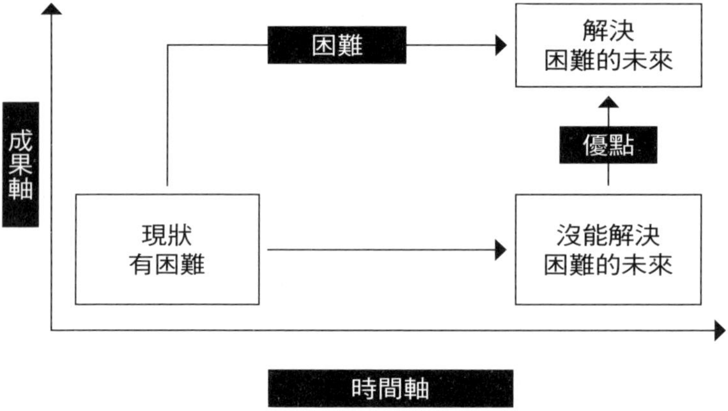
困難
解決
困難的未來
優點
成果軸
現狀
有困難
沒能解決
困難的未來
時間軸

品功能（優點）可望解決問題，那麼，該商品就會成為解決方案（見上方圖4）。

這就是「需求×功能＝解決方案」的觀念。

放著困難不管會發生什麼事，解決難題後會多接近理想，從這段差距可看出你的價值，其差距越大，價值越高（見左頁圖5）。

比如某間工廠有十個員工，老闆希望提升更多產能。

假設過程中，用自動生產系統代替十個員工工作，就可以用優於以往的生產速度製造。這麼一來，該工廠

圖 5　給的方案越接近理想，越有價值

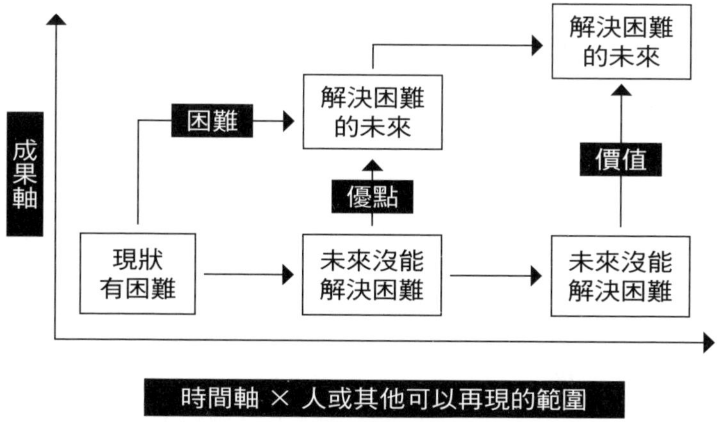
成果軸
現狀
有困難
困難
解決困難
的未來
優點
未來沒能
解決困難
解決困難
的未來
價值
未來沒能
解決困難
時間軸 × 人或其他可以再現的範圍

就有餘力接新訂單，藉機提升月銷售額。而這十位員工可以配置到別的地方，在不增加人事費或勞動時間的狀況下，依然提升公司產能。

說得更簡單一點，就是：

1. 藉由自動化提升生產線速度或者是產量，進而提高銷售額和產能。
2. 因沒花費追加成本和人事費，所以能直接提升公司產能。

如此一來，就算引進自動化系統，也可以在融資期間內回收銷售額

和毛利，不會重創企業。有了像這樣的回收盈利計畫，就可以委託銀行融資了。

順帶一提，我們也可以以年為基準，計算某個員工從「做了很多工作，但產能不佳」，到「沒多花時間和成本，成功提升製造速度，進而大幅提升工作產能」的差距。

若知道投資報酬率，多久可以回收引進商品或服務所投資的金額並轉盈，就能讓客戶感受到價值然後購買。我們得事先計算，才能得知投資報酬率是多少，當然，客戶不見得會幫忙計算，所以得自己處理。假如計算所須資料不足，只要問客戶就行了。

不過，其實很多公司都只是聽聽而已，沒有做好上述準備。

假如你比客戶更了解他們的商業模式和事業內容，那麼自家公司的商品和服務便能滿足客戶的需求。

再現性重點

解決方案是先洞悉顧客的困難（需求），接著找出公司提供的功能中，哪些可解決問題。其問題難度會決定功能的價值。

5 商品變暢銷品的關鍵

工作思維最後一點，是「趨勢×需求×技術」。我在基恩斯學到的是，「不要搭上趨勢來製造商品。但沒跟上趨勢的商品難以成長」。

意思是，**為了趕流行而製造的商品，多半沒有抓到實現市場和顧客的需求**。就算能銷售一時，很快也就賣不動了。

當然，假如目標是「短期也好，就是想要銷售額」就算了，但是單純跟風，並不會開創出附加價值高的商品，進而實現客戶的真正需求。

與網紅聯名的商品就是如此。因為這類商品的銷售依賴是網紅的名聲，所以一旦網紅發生醜聞，銷售額就會急遽下滑。另外，許多經由網紅吸引而來的新顧客，也很可能會在熱潮或結束合作後離開。

這不是在說跟潮流的商品不能賣，事實上，商品搭上趨勢確實是有效提升銷售額的方法。重點在於，除了趨勢，產品還得蘊含「需求」和「技術」等要素，才能暢銷，成為真正強勁的商品。至於沒搭上趨勢的商品銷售額難以成長，要花時間等到成果出現為止。

假如你是商品企劃者，必須在構思新商品時把這件事放在心上。

到目前為止，已充分說明再現性人才必備的工作思維。只要工作時，能意識到這幾點，無論什麼職務，應都能順利傳達價值且促使對方行動。為此，必須學習需求掌握法，這是打好工作思維根基的核心。

簡單來說，需求掌握法是基礎，打好基礎才能支撐工作思維，發現個人或公司覺得「有價值的事物」。第二章起，將談及持續掌握人心的需求方法。

再現性重點

光靠趨勢賣不動。蘊含需求、技術及趨勢要素的商品才能賣。

第2章

我在基恩斯學到的需求掌握法

1 人會因感動而付費

再現性人才的工作思維核心，是需求掌握法。

第一章提過，所有工作目的是，傳達價值且促使對方行動，其價值會成為需求。而再現性人才能不斷拿出成果，就是因為正確且深入掌握人們的需求。

話說回來，需求到底是什麼？

其實就是我們「想要實現什麼」、「希望變成這樣」，從心中冒出來的事物。行銷領域中，經常使用「消費者需求」和「市場需求」等詞。在其他行業中，也會使用或聽到「顧客需求」和「使用者需求」。

就如以法人為對象的B2B（Business to Business，企業對企業交易），顧客（企業客戶）需求是想提高生產力、改善財務、提升企業社會責任（Corporate

Social Responsibility，簡稱ＣＳＲ）、降低成本及避免風險，這會牽涉到經營者和旗下公司工作的員工心中的想法。

在Ｂ２Ｃ（Business to Customer，企業對消費者交易）中，顧客心中也有「想實現什麼」、「希望變成這樣」等想法，若深入挖掘，就會發現其根源潛藏著某個關鍵字──感動，觸動情緒和打動內心，許多時候用在「變得幸福」的意義上。請各位記住，需求的根源在於感動，當人遇到令他感動的事物時，就會因感受到價值而付錢。

我在前著也提到這點，讓人感受到價值的泉源和根源是感動，只要實現對方的需求，他就會感動。換句話說，真正工作能幹的人，就是讓客戶感動的人。

上一章提過，需求分成兩種，一種是顯在需求，自己明確意識到「想實現這個願望」、「希望變成這樣」；另一種是潛在需求，當事人沒察覺、意識到的需求。

面對客戶時，掌握潛在需求比顯在需求更重要。因為就算告訴客戶他已發現到的事，對方很難感受到價值，甚至隨意附和，表現出習以為常的態度。不過，讓客戶察覺到潛在需求時，反應會完全不同：「的確是這樣！」、「居然有這種做法」、「真希望早點知道」。

後文會解說掌握潛在需求跟顯在需求的流程相異之處。目前為止談到的是本書對需求的定義。假如能充分了解，不只是工作，私生活也一樣，大家會知道平常在做的事情，是否真的配合對方或周遭人士的需求（是否有價值）。

再現性重點

人產生感動時，就會因為感受到價值而付錢。比起顧客有自覺的顯在需求，找出對方沒察覺到的潛在需求更重要。

2 找出顧客自己都沒發現的潛在需求

為了幫助各位了解潛在需求的重要性，我在這裡分享我的一個客戶，那是一家販賣和租賃婚禮衣物（無尾禮服或洋裝）的公司。

這家公司每天都有很多客人來挑選，男性顧客（新郎）大致可分為兩種。一種是想變帥氣、想引人注目，而購買昂貴的新郎無尾禮服。另一種，則希望不要太顯眼，他們會說：「我只要租便宜的禮服就好。」

這時，若業務人員只聽了對方的話，沒深入思考，就會判斷「這位客人不想太顯眼。也希望費用能壓低」，於是回答：「馬上為您準備租賃品。」

然而，「不想太顯眼」和「租便宜禮服」充其量只是顯在需求。

其實，這時顧客內心深處存在自己沒察覺到的潛在需求，不過一旦發覺，就會覺得「啊，這個好」。

那種需求就是「希望兩人站在一起時，畫面更加完美，新娘露出幸福的模樣」、「希望新娘覺得十分幸福」。

若是準確掌握顧客潛在需求的業務人員，應該就會這樣說：

「請想像婚禮情景。站在新娘旁邊的新郎是什麼樣子，才能讓兩人看起來更般配？雖說租賃無尾禮服的品質絕對不差。不過，與其穿著有點不適合、跟別人差不多的無尾禮服，穿上訂做的衣裝顯得筆挺的新郎，與新娘更相襯。而且婚禮一生只有一次。這時的新郎在什麼狀態下，對新娘來說才幸福？」

像這樣提議後，有些顧客會改變決定，認為「原來如此！訂做無尾禮服確實是更好的選擇，或許我太太會感到更加幸福。還是訂做新禮服好了，即便貴一點也沒關係」。

剛開始覺得十萬日圓（約新臺幣二．三萬元）以下的租賃品很好的人，因注意到了潛在需求，就會判斷「訂做幾十萬日圓的無尾禮服也有價值」，而決定購買。

就像這樣，若提出的建議能實現潛在需求時，才會產生高價值，進而開出高價。反過來說，即使實現顯在需求，也產生不出價值，因此無法賣貴。

而實現潛在需求之後，就能讓顧客感動，得到幸福。

假如能藉由提議和服務讓顧客打從心底喜悅，他就會說：「假如穿上普通的租賃無尾禮服，我或許會後悔一輩子。不過，現在我知道穿上訂做的禮服，才能舉行最棒的婚禮，謝謝你。」

無論是什麼產業和職務，都要時時記得在協商中讓顧客察覺需求。不只是顯在需求，就連潛在需求都要掌握。

當然，就算精通需求掌握法，也不一定每次都能讓顧客察覺到潛在需求，成功率並非一〇〇％。重點在於，要嘗試讓顧客察覺潛在需求。而提升再現性的途徑，就是提高商品和服務的價值，增加讓顧客開心的可能性。

再現性重點

根據顧客的話語來掌握他的潛在需求，不能僅照著對方說的（顯在需求）行動。

3 哪些事不做也沒關係

無論什麼工作，要是找不到客戶的需求，不但無法獲得對方的好評，工作也不會順利進行。不僅業務如此，公司內的事也一樣。

這裡要問大家一個問題。假如主管對你說：「去準備明天的商務談判。」你認為這句話的背後潛藏哪種需求？

答案是希望你先做好準備，以便讓談判順利進行。

「以便讓談判順利進行」，意思是讓自家公司的商品或服務「賣得出去」，所以主管的真心話是「你要事先準備，確實賣掉商品」。

那麼，部屬在掌握真心話時，該做什麼？

不只是主管，也必須考慮到談判對象（客戶）的需求。對方在哪家公司工作、有哪些立場？其公司和部門具備什麼？他們的顯在需求和潛在需求是什麼？除了一邊思考這類問題，一邊準備之外，也必須衡量「談判時間多長，要以什麼順序、講什麼話」，配合客戶的要求事先備好話題等。

這時，假如知道主管跟客戶的需求，就可以針對主管說的「事先準備」，做出完善的計畫。

反過來說，要是不知道這些，就很難獲得主管的高度評價（當然，主管的工作是培育部屬。身為主管要記得做出準確的指示。不過，這裡是從「身為部屬該怎麼辦」的觀點加以談論）。

就像這樣，知道潛藏在對方話語背後的需求後，便可明確看出該做的工作。反觀要是不知道周圍的人或客戶想要什麼，不只工作無法順利進行，弄得不好還會招來巨大失敗。另外，假如做的工作不符合對方要的，那麼即便花再多時間跟力氣，統統都是白費，做了也沒有人會開心。

這裡的關鍵在於能否區分什麼是需求，什麼不是。假如能明確分辨，就可以瞬間判斷「這份工作該做」、「那個不做也沒關係」。

但若無法判斷，就會浪費時間猶豫該不該做這份工作。

我觀察來我公司諮商的企業，發現他們沒辦法輕鬆判斷，光是猶豫就占掉諮商時間三〇％到四〇％，甚至會占掉大半。

另外，要是在不知道需求的狀態下做事，就會在工作時想著「除了這份工作以外，現在有沒有其他必須做的事情」。

沒有排列優先順序的人，做起事來就會很茫然。一旦在這種狀態下投入工作，本身的生產力不會提升，當然也就拿不出成果。

準確掌握需求的人，工作途中不會猶豫或不知道接下來要做什麼，能專心一意處理應做的事，朝著開創價值的方向筆直邁進。因為這樣的人了解並深信，「我充分掌握客戶（或主管、同僚）的需求，這份工作一定會派上用場」。

再現性重點

精進需求掌握法，會直接提高生產力。

4 多數人嫌麻煩不想做，但非得做的事

我從事企業培訓後，學員會問「要怎樣才能確定這就是對方的需求」、「需求與否的判斷標準是什麼」。

讓我告訴各位一個非常簡單的方法，那就是「客戶心懷的問題解決後，是否會（花錢）購買商品或服務」。另外，客戶是否實際感受到「使用後有幫助」，也是重要關鍵。

是否真正有幫助，可以透過徵詢意見等方式求證。

另外，許多人的「不想做但正在做」行動中，往往潛藏著真實需求。

人在面對某件事，如果始終沒有行動，就表示那件事不是必須的。反之，若最終仍付諸行動，就代表那個人堅決想做某事，或某事非做不可。

舉例來說，如果將使用過的食用油直接倒進流理檯，會汙染海洋，為了避免破壞環境，以前的人會用報紙慢慢吸油，再將吸了油的報紙丟進可燃物垃圾桶。雖然大家都覺得處理油很費事，但因不能不處理，所以還是得這麼做。

不過，在廢油凝固劑出現後，瞬間解決大眾的麻煩，該產品能使油在短時間凝固，大幅省下人們處理油汙的工夫。廢油凝固劑因此成為暢銷品、確立地位。

這就是需求存在於「許多人嫌麻煩不想做，卻得做」的最佳例子。

只要觀察「客戶會把錢花在這裡嗎？」或「會採取行動嗎？」，就能判斷需求是否存在。

再現性重點

觀察客戶是否願意為某事花錢或行動，就能判斷需求是否存在。

5 真實需求，多數人不會告訴你

其實，除了顯在需求和潛在需求，還有一種需求叫「真實需求」，存在於對方內心更深處，躲在顯在需求和潛在需求的背後。讓我們舉一個具體例子，來說明真實需求是什麼。

假如有一位女性想注射玻尿酸，於是找皮膚科的醫美諮詢師尋求幫助：「想消除眼部底下的黑眼圈和皺紋。」

如果是你會提出什麼問題？或許有人會問：「以前做過哪些治療？」但這種問法是求證顯在需求。

這時要問：「為什麼妳會介意黑眼圈和皺紋？」、「為什麼妳在意這裡？」

對方：「最近要參加同學會，我很介意自己看起來很老。」

要探討想消除黑眼圈和皺紋（顯在需求），及該答案之間的關係，就要提出以下問題：「妳為什麼會介意自己在同學會上的形象呢？（這是敏感話題，身為專家應該以體貼的態度詢問）」

對方：「高中時，大家都說我長得很好看，我想找回當時的自己。」

這就是她真正的目，也就是真實需求。知道這點後，醫美諮詢師就可以針對其真實需求，提供最佳治療或護理方案。

要是沒有找到對方真正的需求，醫美諮詢師便只會根據對方的要求（顯在需求）提供療程，像是「盡量讓黑眼圈和皺紋變得不明顯」。這不僅無法實現顧客的真正願望，若弄不好，還會變成沒效也沒有價值的方案。

重點在於，充分了解對方為什麼「介意黑眼圈和皺紋」，進而滿足對方。就算其他人會懷疑「為什麼需要那種服務」，只要當事人認為在接受服務後，能達成自己的目的，他就願意買單。

所以，和客戶溝通時，務必像前面範例一樣，詢問「為什麼想要這個」。因為當對方說「想擁有〇〇」、「想做〇〇」時，充其量只是在表達顯在需求。所以，你得釐清存在於這些話背後的理由、原因或背景因素。

只要能問出這一點，其答案便可看作是對方的真實需求。我又稱此為「需求背後的需求」。

掌握「需求背後的需求」的能力，是支撐工作思維的基礎。

工作時，不只客戶，其實來自主管、同僚或其他部門的請託（顯在需求）的背後，也藏著真實需求。只要能掌握，就能獲得能幹等評價。

反之，無法掌握真實需求的人，因為不曉得工作、請求的真正目的，只會聽命行事，人家說什麼就只做什麼，以至於不斷接受追加的命令或重做工作。

再現性重點

當他人提出需求時，記得詢問「為什麼想要這個」。

6 人會為了三種附加價值買單

我希望大家明白，真實需求與人的情緒活動（感動）有關：

- 開心和價值的泉源在於感動，實現對方真實需求時，他就會產生感動。
- 讓他人感動的人，就是真正工作能幹的人。
- 需求的根源是感動，當人獲得感動時，會因感受到價值而付錢。

感動、需求及價值密切相關，想要充分了解三者的關係，需要知道感動、情緒到底具備什麼架構。

亞伯拉罕（按：這裡的亞伯拉罕（abraham），是指《有求必應》作者在書中提到的內心指引的聲音）認為人類的情緒分成二十二個等級（見左頁圖6）。從下算起是「恐懼、不安全感、憤怒、灰心、憂慮、失望」及其他負面情緒，往上則是「自足、盼望、樂觀、幸福、喜樂、感動」及其他正面情緒。

這裡的關鍵如前文所言，「人獲得感動時，會因感受到價值而付錢」。個中意義在於，「想脫離恐懼、不安全感、憂慮、失望，進入自足、幸福、喜樂、感動的狀態。為此破費也不可惜」。

這裡一樣舉個例子來說明。

某位男性因腰痛無法抱孫子，而感受到壓力和苦惱。若他去針灸整骨院治好腰痛，盡情擁抱可愛的孫子，這時情緒就會從壓力和苦惱過渡到自足和幸福，最終產生喜樂和感動。該男性從這段情緒波動中感受到價值，所以比任何人都願意花錢到針灸整骨院接受治療。

我將這種「遇到感動會感受到的價值」，稱為「感動價值」。

我認為實現人類需求的附加價值，可大致分為三類：替換、風險減輕、感動。這三類都跟情緒有關，其中最重要的是感動價值。

圖 6　亞伯拉罕把情緒分成 22 個等級

1. 喜樂／真正的價值獲得認可＝感動／獲得力量／自由／愛
2. 熱心
3. 熱衷／熱切／幸福／歡喜
4. 積極／自信
5. 樂觀
6. 盼望
7. 自足
8. 無聊／怠慢
9. 悲觀
10. 沮喪／苦惱／不耐煩
11. 不勝負荷
12. 失望
13. 懷疑
14. 憂慮
15. 責怪
16. 灰心
17. 憤怒
18. 報復
19. 厭惡／怨恨
20. 嫉妒
21. 不安全感／罪惡感／沒有價值感
22. 恐懼／死別／後悔／悲傷／絕望／無力感

出處：引用自《有求必應》（*Ask and It Is Given*）。

附帶一提，替換價值是情緒狀態維持不變，將現在使用的東西替換成別的東西時所感受到的價值。比如買最新款的手機取代現有的手機，除了新的比原本的好用，且買新手機能維持現在的情緒（喜樂或自足）。

風險減輕價值，顧名思義是指想減少風險。例如孩子沒戴安全帽騎腳踏車時，可能會因摔倒而傷到頭部。父母為了不讓孩子受傷，所以購買安全帽讓讓他戴上。

感動價值的基礎，在於「那個人從未感受過的感動，其等級比現在的情緒波動還高」。所以，這時感受到的情感，比替換和風險減輕的價值更高。

只要具備「價值的泉源是感動」這項觀點，從事顧問工作時也能預測「這家公司絕對會成長」、「這家公司的商品絕對能熱賣」。因為若某公司的商品或服務能使人感動，就等於他們掌握顧客的需求。所以，這家公司一定會成功。

此外，我希望各位要記住，感動也會出現在人際中。因為人與人的關係跟互動，會產生前文提到的二十二個情緒等級。

或許有人會覺得奇怪，情緒等級中的無聊，怎麼會跟人際關係有關？其實，從「與自己的關係」這層意義上來看，這也是從人際關係產生出來的情感。

無聊，是指人想做開心事、希望自己隨時成長，卻做不到或沒有做，因此感到難受。換句話說，就是現實的自己和理想的自己之間的關係，出現無聊狀態。

請記住，需求背後的需求，與人類情緒的波動（感動）密切相關。

要是對方的情緒處在二十二個等級的下階，要試著同理他的感受，並將對方的情緒帶到上階，如此一來，那個人就會感受到價值。人遇到讓自己感動的事物時，會因感受到價值而付錢，但感動原因因人而異。當然，支付的金額也會不同。

發展事業的關鍵，是不斷深入且廣泛探索，看清客戶的需求在哪裡、遇到什麼會感動，以及從中感受到多少價值。

再現性重點

價值大致可分為三類：替換價值、風險減輕價值及感動價值。為了掌握人心，需要學習感動的機制。

第3章

頂尖業務都是厲害的再現性人才

1 來買電鑽的父親為何決定不買電鑽？

在行銷領域中，有句格言是「買鑽子的人要的不是鑽子，是洞。」

相信許多經常閱讀商管書的人，都知道這句話表達出「正確掌握需求」的重要性。現在請容我以淺顯易懂的例子，為讀者重新介紹一遍。

有個男子到家居中心詢問店員：「請問電鑽在哪裡？」

店員：「在那裡。」並將男子帶往工具販賣區。

男子看到價格後，說：「比想像中還貴……我先考慮一下，今天就不買了。」作勢要回家。

慌張的店員問道：「您要鑽子做什麼呢？」

男子回答：「我想在木板上鑽幾個洞。」
店員接著說：「那裡有賣有洞的板子喔。」帶領男子到販賣有洞木板的區塊。
男子：「這塊板子比鑽子還便宜。」於是購買開有洞的板子回家。
這名男子真正想要的不是電鑽本身，而是洞（有洞的板子）。
這則傳授行銷理論的逸聞是要告訴我們，既然買鑽子的人要的不是鑽子，而是洞，所以「要賣洞」。
意思是，顧客追求的不是商品本身，而是商品提供的便利性或價值。
因此，我們要記得把重點放在商品和服務提供的價值，或是使用後獲得的優點，洞悉顧客追求什麼（需求），再加以回應。

再現性重點

顧客真正要的不是商品本身，而是商品提供的便利性或價值。

2 渴望的背後才是價值所在

真實需求是商品開發或行銷策略的基礎，銷售員或業務人員需要與客戶接觸，所以也得懂這點。

若你是在店裡應對顧客的銷售員，必須像上一節例子的店員一樣，透過詢問「要這個做什麼？」來找出顧客的需求。接著，為了掌握其真實需求，則需要反覆提問，慢慢挖出顧客內心更深處的想法。繼續用前文的例子來說，就是問「為什麼您想要有洞的板子？」

假設男子回答：「我兒子拜託我幫忙做暑假工藝作業。既然要幫，我希望盡量做出好東西，所以打算用電鑽做出正式的木工作品。」這就是他的真實需求。

店員聽了，就可以接著說：「既然如此，您可以來這邊看看。」提議顧客到

DIY區挑選。只要告知「使用這類商品就能順利做出來」，就可能讓顧客消費更多。

這名男子的真實需求是想幫兒子做出好東西，若深入探究背景因素，或許就會看出他懷著以下的想法（最終目的）：

- 希望兒子對他說：「謝謝爸爸做出這麼棒的東西，我好開心。」
- 希望兒子開心表示：「交出作品後獲得老師稱讚，朋友也說我好厲害。」
- 想當兒子心目中的帥氣父親。

由此可知，男子應該是想「跟兒子度過充實而美好的時光」、「藉由這次體驗獲得任何事物都難以取代的感動」。

目前為止，談到如何在B2C商務中，深入挖掘真實需求。

不過，每個人會感動的理由大不相同，也就是說，需求因人而異。此外，有些人遇到其他的感動和價值，願意付出更高的金額。

比如，某個有錢的男子想買新公寓，於是前往不動產公司。

男子：「我想找格局寬敞的物件。」
業務：「您想要什麼樣的格局呢？」
男子：「客廳要幾十坪，價格高也沒關係。」
業務：「為什麼您想要這麼寬的客廳呢？」
男子：「其實前幾天公司前輩找我去他家玩，但前輩一直炫耀他家客廳多寬敞……因為太讓人火大了，所以我希望新買的房子客廳比他家的更寬敞，換我對他炫耀。」

對於該男子來說，花再多錢也想實現的需求，就是「向前輩炫耀自己的新房子有更寬敞的空間」。

由此可知，這名男子的需求是想獲得感動。把當初在前輩家嘗到「嫉妒、敵意、挫折感」等負面情緒，轉換成「自足、幸福、自信」的正向心情。

順帶一提，有些有錢人會以「向人炫耀」、「以眼還眼」為由，花費數千萬日圓，有時甚至多達幾億日圓，讓人疑惑「為什麼要花這麼多錢在這種東西上」。

要弄清對方真實需求，必須知道對方是怎樣的人、處於什麼狀況，想辦法問出「為什麼想要這個」。

對於任何人來說，需求背後的需求才是真正目的，除此之外，充其量只是實現目的的手段。

再現性重點

真實需求潛藏著當事人的真心話。

3 別講道理、給建議和共鳴

接下來，要說明掌握對方需求的具體方法。

在這之前，重要的是必須營造出「對方願意說出需求」的狀態。這時的關鍵在於你與他之間的信賴程度。只要具備信賴關係，他便願意說出自己想要什麼。反之，若沒打造信賴關係，即使問「需求是什麼」、「你真正想做（擁有）什麼」，對方也不會坦然說出來，更在心裡想「真不想對這個人說太多真心話」，你們之間就會豎立一道隔閡——我稱為「情緒隔閡」。

這時情緒也會成為問題。

比如主管詢問部屬「你未來想怎麼做？」時，部屬就岔開話題。之所以出現這種狀況，多半是他們沒能跨越情緒隔閡。溝通受阻時，就算說「請講講你的真心話」，對方只會關上心房，說：「沒什麼。」、「真的非講不可嗎？」

那麼，該怎麼消除隔閡，建立信賴關係？在說出答案之前，我想先從不該做的事開始說明。

建立信賴關係時，有三件不該做的事：

1. 說正論

這裡先舉個例子：

主管：「你最近好像不太開心，有什麼煩惱嗎？說說看吧。」
部屬：「其實我很苦惱這個問題。」
主管：「照理來說，再怎麼想都不要○○比較好，你不這麼認為嗎？」

要是主管這樣回答，顯而易見，情緒隔閡會越來越厚。想與對方建立信賴關係，不要劈頭說正論。

2. 給建議

要是向對方提議「做○○比較好」、「最好打消這個念頭」，對方很可能會想「我只是希望有人聽自己說話而已……這個人不了解我，還是不要跟他說太多比較好。」進而加深隔閡。

3. 共鳴

一樣先舉例說明：

部屬：「我很苦惱這個問題。」
主管：「我以前也一樣。比如○○……不過後來發生……（說自己的經驗談）所以，沒必要想那麼多。」

像這樣，把對方的煩惱當成自己的事來談，雖然並非絕對不行，但是以問出需求的角度來看，這種應對方式無法讓你找到答案。

雖然對方可能覺得「原來你也有這種經驗」，但也有人會抱持負面觀感：「又沒講得那麼誇張」、「不要擅自解釋」，因此必須留意。

再現性重點

詢問需求時，禁止說正論、給建議及共鳴。

4 要同感，不共鳴

想消除情緒隔閡，問出對方的需求，不能說正論、給建議和共鳴，那麼該怎麼做才好？其實，剛開始最該做的就是同感對方的情緒。

大多數人認為共鳴和同感的意思一樣，其實兩者有微妙的差異。

雖然兩者要表達的心情，都是「假如我處在跟你一樣的狀態，會有同樣感受」，不過共鳴指的是「我也〇〇」，包含自己的意思、想法及解釋；同感則是完全沒有參雜自身想法，站在對方的立場，說：「這樣啊，我懂。」舉個例子：

部屬：「現在我在工作上有這樣的煩惱。」

主管：「不得不聽公司的命令或客戶的要求真的很辛苦。假如我是〇〇也會這樣想，我非常了解這種心情。」

照理說，藉由同感，能使兩人之間的情緒隔閡慢慢消失。只要消除隔閡，對方就會覺得「這個人理解我」。如此一來，就算問「將來想怎樣」，相信他也會願意說出真心話：「其實我未來想這樣生活。」

當對方覺得「這個人認可我的情緒」、「他了解（接受）我的想法」時，你們之間會產生信賴，你才問得出對方的真實需求。

相信許多主管會因部屬沒對自己說出真心話而煩惱。

事實上，**部屬會觀察主管每天的行為**。每逢商量事情時，如果主管總說正論或一廂情願的建議，以自身經驗談回覆，而不是同感，部屬自然不可能對他們說出真心話。

假如想問出對方的真實需求，必須堅定的同理那個人話語背後的情緒。

不只是主管和部屬，面對對客戶也一樣。假如問他：「請教貴公司的課題是什麼？」對方答：「就算你這麼說，我也想不到什麼。」就表示你沒充分與客戶建立信賴關係。

無論是什麼公司，一定存在某些問題或狀況。但因你沒獲得對方的信賴，所以他才沒說出口。

掌握需求的必備條件，就是建立穩固的信賴關係，請各位務必記住這一點。

再現性重點

要消除情緒隔閡，要同感而不是共鳴。共鳴，蘊含自己的想法；同感，則完全沒參雜自身想法，而是站在對方的立場，說「我懂」。

5 重複表達同感、關心及提問

要順利問出對方的真實需求，需要重覆「同感、關心及提問」這個過程。

比如你在徵詢顧客關於美容院保養項目的事。

顧客說：「我覺得能放鬆的保養課程不錯。」這時要記得先認知到這項顯在需求，再同感道：「保養真的很讓人放鬆、舒服，我也很喜歡。」

其次是關心和提問。這個過程一樣是藉由對話，問出真實需求和其產生的背景因素。附帶一提，我們不會知道要先問哪一個，因為會依對象而異。

你：「（關心和提問）對〇〇來說，心中『能放鬆的保養』，具體來說是期待什麼呢？」

顧客：「能聞著精油香氣，舒舒服服接受按摩就很好。」

當對方回答後，你要再次表示同感和關心：「（同感）精油香氣和舒暢按摩確實很能讓人非常放鬆。對了，（關心和提問）為什麼這次您想要找能放鬆的保養課程呢？」

真實需求與感動相連，所以要藉由對話，找出放鬆需求跟什麼樣的感動聯結。要是很難直接詢問「為什麼」，可以改問「您想藉由放鬆，獲得什麼感受？」答案很容易浮現出來。

這樣詢問之後，顧客或許會回答：「因為最近工作非常忙，人際關係也讓我疲倦，累積壓力。」

從此可知，客戶真正想要的是，「從工作和人際關係的壓力中振作起來」。

你：「這樣啊。（同感）工作壓力和人際關係真的很折磨人，我非常了解這種心情。（關心）我很推薦你試這套身心盡振作起來的保養法。」

另外，詢問過去的事情時，也要記得掌握真實需求。

你：「（提問）假如方便的話，能否請教過去接受的芳療或按摩中，有沒有讓您特別舒服的？」

只要像這樣詢問以前的事，就可以更明確看出真實需求的背景因素。了解這點，便可得知顧客過去最棒的體驗，藉此找出線索以提供對方從未體驗過的服務。

你：「做完之後，可以用清涼感、暖和感或其他各種精油來調整，（提問）您想要處在什麼樣的放鬆狀態呢？」

只要在探究過去的同時，將時間軸擴展到現在和「服務後不久」，就能更加深入且廣泛探索對方想要什麼。

就像這樣，為了順利問出對方真正的需求，記得反覆表達同感、關心及提問。

再現性重點

找出真實需求時，要運用同感、關心及提問，並要意識時間軸。例如，顧客過去有什麼體驗、現在希望獲得什麼，以及接受服務後，想得到哪些感受等。

6 法人顧客最重視的六大價值

目前為止，我們看到了B2C中個人顧客的需求。接下來，我們要設想在B2B商務中，面對企業和其他法人顧客時，如何找出其真實需求。

法人顧客和個人顧客一樣會有需求，只要準確掌握這點，就會帶來成功。首先要知道，法人顧客承擔的基本問題，就是法人顧客需要的價值。因為其價值背後潛藏著真實需求。

法人顧客（企業）需要的價值大致有六種：提高生產力、改善財務、提升企業社會責任、降低成本、避免風險、提升附加價值。接下來將逐一簡單說明，這些具備什麼價值。

●提高生產力

不管公司的規模多大、處於什麼產業和狀況，「想提高自家公司的生產力」都是非常重要的事，堪稱是王道價值。中小企業、大企業、製造業、服務業……所有企業都希望生產力比現在還要好。

●改善財務

這點對於所有企業來說，都存在龐大價值。

改善方法有很多，其中具代表性的就是改善現金流。換句話說，就是能控制什麼時候進帳、付款，進而改善財務。假如能提供妥善控制時間的方法給客戶，對於法人顧客而言，等於獲得高價值資訊。

●提升企業社會責任

企業致力於社會責任活動，於公司內外宣傳其努力態度，以提升企業形象。關鍵在於提升形象後，會產生什麼價值。

要是不重視企業社會責任，就會提升商譽風險（指因為風評和惡評擴大，導致企業的評價和信用下滑，蒙受損失），有時還會間接付出高額的成本。不過，只要致力於企業社會責任，提升價值，蒐羅許多優秀人才，就可以減少這樣的成本。

●降低成本

成本是指耗費在產生價值工作上的時間和金錢。換句話說，降低成本就是價值不變，花在工作上的時間和金錢減少。

若想提供降低成本的方案給顧客，必須先定義「顧客心目中的價值是什麼」。接著找出對方花大量時間和金錢的工作，並提出減輕其工作的商品或服務。

●避免風險

避免「現在尚未發生，但將來或許會發生的損失」。企業需要減少和避免風險，實現這種需求的地方就會產生價值。

● 提升附加價值

就是提升法人顧客（客戶企業）能提供給客戶（終端使用者）的附加價值。

比如餐飲顧問公司不只要考慮到餐廳（直接顧客），也必須衡量「這家店能給予消費者的附加價值是什麼」、「該怎麼提升更多的附加價值」。

對於法人顧客來說，這六點非常重要，且與真實需求密切相關。

再現性重點

法人顧客的真實需求，跟提高生產力、改善財務、提升企業社會責任、降低成本、避免風險及提升附加價值有關。

7 弄清楚對方需求再提案

以法人顧客為對象的商務人士，如何弄清楚客戶來的需求？

比如你是顧問，某客戶想改善公司內部溝通而找你諮詢。這時你只能看到客戶的顯在需求。

「馬上為您準備改善溝通的培訓活動。」假如只根據對方口中的要求，提出這種解決方案，你就只是單純的推銷員。

在提供解方前，必須掌握「改善公司內部溝通」這項發言的背後，潛藏著什麼需求，所以你得拋出另一個問題。

你：「為什麼想改善溝通呢？」

客戶：「其實最近公司職員相處不融洽。」

你：「看到有人不和難免會覺得厭煩，相信其他同事也會很辛苦。若有能幫忙的地方，我也希望可以為您出力，所以想再問得深入一點……職場上有沒有因為氣氛不融洽，而發生什麼糟糕的事？」

客戶：「業務人員陸陸續續提出辭呈。」

你：「真令人頭大。請問多少人提離職呢？」

客戶：「去年沒人離開，今年卻已有五個人辭職。真希望這個狀況能停止。」

你：「為了解決這個狀況，請容我好好斟酌要提供哪個措施，再提出最適合貴公司的培訓方案。」

這裡的關鍵在於提案時，要充分意識到六大價值，以該例子而言，就是聚焦在避免風險和維持生產力。

所以你該舉出具體數字，說明如下：

你：「假如聘請業務人員，每年要支付的薪水平均一人約五百萬日圓（約新臺幣一百一十四萬元）。要是利用人才介紹公司，介紹費就占公司年收入三五%，平均一人的介紹費要一百七十五萬日圓（約新臺幣三十九．八萬元）。

「另外，就算是年收入五百萬日圓等級的人才，剛開始半年也不能順利提升利潤，直到熟悉工作為止。這半年人事費不是用來提供顧客價值，而是培育人才。再加上社會保險費，金額說不定還要再提高，約有兩百五十萬日圓（約新臺幣五十七萬元）會當作前置的培育費用，而非提供價值給顧客。

「介紹費和半年培育費用加在一起，平均僱用一人要四百二十五萬日圓（約新臺幣九十七萬元）。要是聘請五個人，成本就超過兩千萬日圓（約新臺幣四百五十五萬元）。

「還有，辭職的業務人員在這半年來理應創下的銷售額，也會化為烏有。假如月銷售額是一百萬日圓（約新臺幣二十三萬元），等於銷售額少三千萬日圓（約新臺幣六百八十三萬元）以上（每個月一百萬日圓乘以五人乘以六個月）。加總可知，因為『五個業務人員相處不融洽然後辭職』，所以成本會損失兩千萬日圓以上，及銷售額三千萬日圓以上。」

只要雙方同意會有這樣的風險或降低生產力後，提出「這對貴公司來說是非常大的損失。讓我們舉辦從根本解決這個問題的培訓活動吧」，客戶聽了就會覺得很有吸引力。

這就是掌握真實需求後提出的解決方案。

B2B中真實需求，往往關係到六大價值的其中一項。只要能針對這一點提出解決方案，客戶自然願意付費。

再現性重點

問清楚對方需求並推銷自家公司的服務時，要意識到六大價值再提案。

8　挖出客戶想這麼做的理由

了解需求的基本架構後，就可以更準確且迅速的掌握客戶要的是什麼。

首先，我希望各位知道，真實需求和一般需求（顯在和潛在）的架構存在明確的差異。了解這份差異後，就可以明確分辨。

一般需求跟功能、特長、行動及狀態有關。而真實需求則關係到優點、成果及感動。

光這樣說或許有點難懂，讓我們舉具體的例子說明。

某家企業客戶的顯在需求如下：

1. 想要自動高速輸出資料的多功能事務機。

2.改善公司內部的溝通。
3.某些工作只有部分人能做，希望可以改善該狀況。

第一點是針對功能或特長，第二點跟行動有關，而第三點是狀態問題。就像這樣，顯在需求基本上統統會牽扯到功能、特長、行動及狀態。

接下來，我們深入挖掘這三點，確認真實需求：

1.想要自動高速輸出資料的多功能事務機→想提高產能。
2.改善公司內部的溝通→有人辭職後耗費成本、生產力下滑，所以想要壓低成本以提高生產力。
3.某些工作只有部分人能做，希望可以改善該狀況→避免有人辭職後，公司就無法運作（風險）。

提高產能、壓低成本以提高生產力及避免公司無法運作……屬於優點、成果及感動需求。深入挖掘顯在需求，就能找出真實需求，這也是掌握為什麼功能、特長、行動及狀態很重要。

再進一步分析後，就會看出產生真實需求的背景因素。

- 提高產能→公司中常呼籲提高生產力。
- 有人辭職後耗費成本，生產力下滑，所以想要壓低成本，以提高生產力→去年沒人離開，今天卻有五人離職。
- 避免有人辭職，公司就無法運作→業務只有某些人能做，公司銷售額現在只靠王牌業務一人撐著。

了解產生需求的背景因素，是掌握客戶需求的必要條件。

比如，想提升產能的背景因素，是公司推動數位轉型，經營者提升每人平均生產力。

沒有掌握客戶的真實需求，等於不知道對方追求的方向或想要達成的目的。在這種狀態下，就算詳細解說商品功能，「為了解決客戶的問題，我們執行過這樣的措施」，也只是白費工夫。有時客戶會說：「雖然拜託你做這件事，但報價和額外項目太多了。」、「真的要花那麼多錢嗎？」

請各位了解需求跟「功能、特長、行動及狀態」、「優點、成果及感動」有關，並挖掘產生需求的因素是什麼。

再現性重點

深入挖掘一般需求能找出真實需求，這也是為什麼掌握客戶希望獲得什麼功能、特長、行動及狀態很重要。

9 頂尖業務都這樣聊生意

為了幫助讀者正確了解真實需求，接下來我會詳細說明需求整體結構。

請看下頁圖7，需求的整體結構跟魔術方塊相似。從上方往下看，表面可分為四大區：

1. 開放區：我們知道（顯在需求）×客戶知道（顯在需求）。
2. 盲點區：我們知道（顯在需求）×客戶不知道（潛在需求）。
3. 保密區：我們不知道（潛在需求）×客戶知道（顯在需求）。
4. 未知區：我們不知道（潛在需求）×客戶不知道（潛在需求）。

圖 7　顯在需求和潛在需求的整體結構

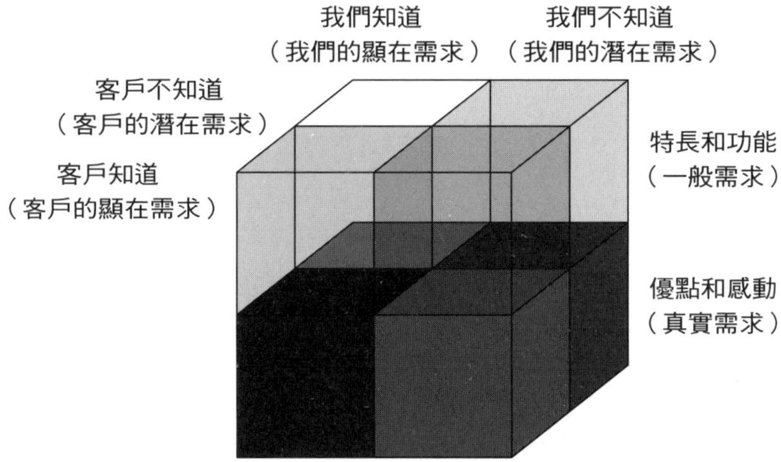

	我們知道	我們不知道
客戶不知道	盲點區 客戶：潛在需求 我們：顯在需求	未知區 客戶：潛在需求 我們：潛在需求
客戶知道	開放區 客戶：顯在需求 我們：顯在需求	保密區 客戶：顯在需求 我們：潛在需求

業務第一次見到客戶時，基本上會從開放區開始談。該區塊對我們和客戶來說都是顯在需求，所以對話層次只要確保「有這樣的需求」，再磨合就夠了。

該深入挖掘的，是我們知道、但客戶不知道的盲點區。這裡存在客戶沒發現到的潛在需求。因為沒察覺，所以只要告訴對方「這種事讓你很為難吧」，指出潛在需求，客戶就會回應：「經你這麼一說，確實是這樣。」

第一章介紹的無尾禮服故事是很好的例子。將訂做品的價值傳達給只想租賃衣服的顧客後，顧客反應：「的確，訂做的無尾禮服比較好！」

釐清位在盲點區的潛在需求是什麼，就可確實提供解決方案和附加價值。

不過要注意的是，有些不擅長業務的人，會只談開放區——任誰都知道的業界基本資訊，可是這麼做只會讓客戶想：「這種事我也知道，難道沒有我不知道且更有益的資訊嗎？」

另外，直接從盲點區切入核心也不是上策。若都在說客戶不清楚的事，他們會想：「都是不知道的事情。」、「話題太專業了，聽不懂。」

擅長業務的人會從「開放區和盲點區的界線」一帶談起。

比方說，在詢問中逐步探索：「最近媒體經常報導這件事，請問您有什麼看法呢？」、「最近在業界出現的課題，對貴公司而言十分重要，您覺得……？」

像這樣與客戶再三對話，就會清楚對方「知道」區域和「不知道」區域界線在哪一帶。看清這道微妙的界線，就能探索需求。

探索開放區和盲點區中的客戶需求之後，下一步要深入挖掘「我們不知道的區域」（保密區和未知區）。

探索保密區和未知區要靠以下三個有效方法：

1. 增進客戶需求的相關知識。
2. 與客戶建立信賴關係。
3. 對客戶的成長有貢獻。

只要增進客戶需求的相關知識，與生意相關的業界知識或業務知識等，就會擴展我們知道的「開放區和盲點區」，最後我們不知道的區域就會變窄。

例如，要協助客戶的後勤辦公室（按：包括會計、人事管理、電腦中心、貨倉等，顧客無法直接看見的部門）數位轉型，就該知道客戶後勤辦公室進行的業務概要、詳細流程及改善方法的相關知識。

這樣一來，就可以從與客戶的對話中，釐清客戶知道的改善方法（顯在需求）和不知道的改善解方（潛在需求）。

不過，就算不斷增加知識，保密區和未知區變窄，有時在某些地方也很難繼續探索。因為保密區和未知區存在「客戶才知道」或「客戶也不知道」的事情。

想打聽保密區，就得與客戶建立信賴關係。只要加深彼此的關係，客戶自然會說出只有他才知道的需求。

順帶一提，保密區最需要詢問的是關於決策的事，「由誰怎麼思考和決定」。即使我們能建立假設，也不知道對方會怎麼想、實際狀況如何。尤其是提供高單價商品，要是沒讓對方說出他才知道的需求（保密區），就很難說服、誘使對方下單購買。

最後要探索未知區。其實，就算沒有發現這個區域，也有辦法能吸引客戶購買。不過，要是能找出該區域的訊息，就能提升客戶萌生繼續與你合作的可能性。

探索未知區時，應當意識到要對客戶的成長有貢獻。

當客戶成長，也就是知識和覺察增加之後，他就能看到從未察覺的部分。

例如，我們販賣的商品讓客戶的某項專案成功，業績跟著成長。這樣一來，下次做專案時，他就需要前所未有的生產力或銷售額。這時客戶會說出以往自己不知道的需求。

假如我們知道那項需求的解決方案，就屬於潛在需求，若不知道如何滿足那項需求，則表示該需求落在未知區。

只要能對客戶的成長有貢獻，對方會寄予更大的信賴，甚至有機會結為合夥關係，針對「無法擬定解決方案的未知區需求」，一起擬定方案。

探索需求的關鍵，在於根據其結構來研究客戶。

話說回來，真實需求位於結構圖中的哪個部分？

答案是結構圖的下半部（見左頁圖8）。

光是俯瞰，只能看到上方（表面）的一般需求（功能、特長、行動及狀態），

圖 8　真實需求藏在結構圖的下半部

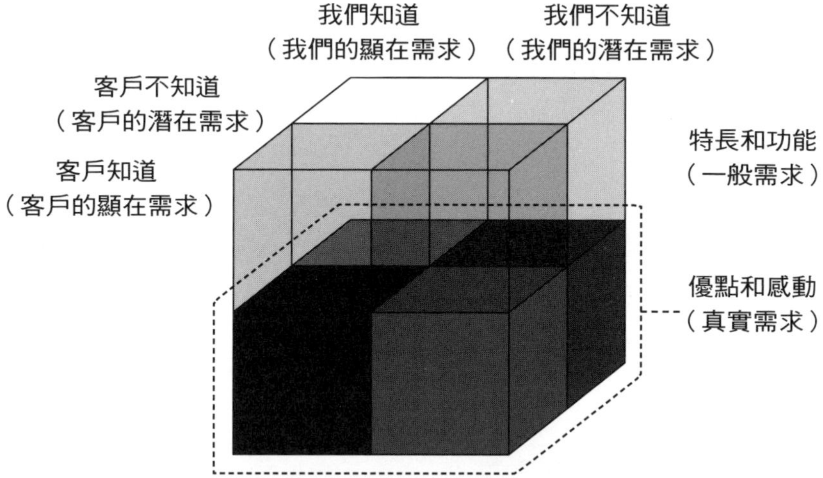

	我們知道	我們不知道
客戶不知道	盲點區 客戶：潛在需求 我們：顯在需求	未知區 客戶：潛在需求 我們：潛在需求
客戶知道	開放區 客戶：顯在需求 我們：顯在需求	保密區 客戶：顯在需求 我們：潛在需求

無法注意到下方其實存在更深層的需求（優點、成果及感動）。

為「商務談判不順利」、「無法順利賺到利潤」而煩惱的人和公司，往往只看到表面需求。如果是想解決這類困擾，就得確實而周密探索下方區域，以找出真實需求。

再現性重點

找出自己和客戶沒發現的需求有三個方法：

1. 增進客戶需求的相關知識。
2. 建立與客戶的建立信賴關係。
3. 對於客戶的成長有所貢獻。

10 拉住老客戶的向上銷售

到目前為止，說明了解真實需求的重要性和結構。

接下來要告訴各位，擁有掌握真實需求的能力之後，具體能做什麼、在實際的商務現場上能實現什麼。

只要了解和確實掌握客戶和周遭人的真實需求，就可以減少無謂的工作，提升工作產能，進而獲得高評價和信賴。不僅如此，將來無論從事什麼工作，處在什麼狀況，都能在職場上存活下來。

話說回來，只要能實現客戶的真實需求，其購買行為就永無止境。因為：

1. 吸引顧客持續購買某商品。

2. 除此之外，他也購買其他商品。
3. 甚至挑選與原本買的商品相異、完全不同的商品。

這是怎麼回事？讓我們依序說明。

我們以前文提到的「企業想改善溝通」為例，來解說第一點。假設某公司有五名業務辭職，半年來承擔的風險，是損失成本兩千萬日圓和銷售額三千萬日圓。

其實這個問題的背後，藏有該企業的真實需求。只要你能提供實現這點的解決方案（如培訓課程等），企業客戶自然願意花錢購買。

當這份需求被滿足後（業務不再辭職），你對該客戶的銷售活動不會因此結束，因為接下來他會產生其他需求，像是「想刪減更多成本」、「希望提高更多業務產能」、「使銷售額成長更多」等。

明白這點後，你就能對客戶提出新培訓方案。

你：「總經理，謝謝您找我們舉辦溝通培訓。」

客戶：「成效很好，離職狀況大幅減少了。」

你：「那些業務不再辭職，某種程度上，成功刪減成本和提升銷售額。其實我們正在開發新的培訓課程，假如您願意參加，貴公司的銷售額會增加更多。能不能容我詳細為您說明一次呢？」

客戶：「請務必說給我聽。」

這樣一來，你就可以販賣「能刪減更多成本，提高更多產能，讓銷售額大幅成長」的培訓課程（解決方案）。當客戶提升銷售額後，想必對方會希望再提升更多銷售額。

就像這樣，客戶會永無止境的購買你提出的培訓方案。

只要知道對方真實需求，從中鎖定目標再提案，你就可以不斷的販賣自家公司的商品和服務。

這種銷售手法在行銷術語上，稱為「向上銷售」（up-selling）。做法是買過一次商品的顧客，提議購買「更高等級」的同種類商品，吸引對方回購。

客戶的需求永無止境。只要針對這點並加以研究，就可以屢次喚起客戶的購買行為。

附帶一提，鎖定真實需求並不斷向上銷售時，不要想著「從負到零」，而是要意識「從零到一」再「從一到十」。

比如，在健保範圍內，去牙科診所處理蛀牙，讓牙齒不再疼痛，就是「從負到零」階段。而診所藉由自費診療，提議「需要預防」、「矯正比較好」、「做牙齒美白」等，進行向上銷售，就是「從零到一」再「從一到十」。

「從零到一」和「從一到十」會讓牙科診所經營成功，但止於「從負到零」階段的牙科診所，經營則往往會陷入困難。

假如牙科診所想要向上銷售，就必須知道「患者遇到什麼會感受到價值，遇到什麼會感動」。

患者眼中的價值和感動，就是透過預防調整口腔環境，防範牙周病和其他菌種造成的全身疾病，延長健康壽命，快樂度過人生；藉由美白牙齒改善形象，在工作中成功，改變人生等。

能否了解這一點，牙科診所的經營狀況可謂雲泥之別。

只要意識到真實需求再向上銷售，相信客戶會陸續購買你的商品和服務。

再現性重點

真實需求永無止境，只要能適當研究，就能吸引對方購買商品。

11 強化購買力的交叉銷售

掌握真實需求成功實現向上銷售之後，下一個要進行的是「交叉銷售」（cross-selling）。這是針對考慮購買或已購買某件商品的顧客，吸引對方一起購買其他相關商品。

假設，現在要透過培訓提升企業客戶的業務生產力。於是你提議：

你：「總經理，業務的產能提高了。這次想不想花更多力氣刪減成本？」

客戶：「想。」

你：「我們的合夥人中有個企業，正開發能大幅刪減成本的系統。要是一起引進，有助於改善經營。能否介紹給您呢？」

像這樣提案後，引進這套系統的可能性就會提高。

在 B2C 情況下，真實需求是感動。不過，並不是只感動對方一次，就到此結束。

不論是誰都會想過著精彩的人生、一直體驗感動。

比如，某對情侶要舉行婚禮，婚禮或許之後會買房；為了生下來的寶寶，購買必要的嬰兒用品或育兒服務；將來會讓孩子補習；全家出去旅行……一切都是「為了生活得更幸福」，也就是為了感動而行動。

只要知道真實需求（以上述例子來說，就是生活幸福），就可以提案讓顧客一直購買。

最後一點是吸引顧客購買與該商品相異的商品，也就是替代方案。

比如你是婚禮公司的顧客負責人，顧客在婚禮磋商中說：「我無論如何都想要天窗」。為了找出顧客的真實需求，於是出現下列對話：

你：「為什麼想要天窗？」

顧客：「我之前出席朋友的婚禮，當時從天窗照射進來的光，讓新娘看起來非常耀眼。」

你：「原來如此。冒昧請教，為什麼這件事很重要呢？」

顧客：「我希望看起來耀眼奪目，讓父母和朋友留下深刻印象。對我和丈夫來說，若能實現這點，會非常開心。」

這名顧客的真實需求，是讓父母和朋友認為自己閃閃發亮、耀眼奪目。因此，只要實現這項願望，天窗就不再是必需品。這樣一來，就可以提議：

你：「我們的婚禮會場有露臺，能拍攝以海為背景的照片。雖然光不是從天窗灑落，但在陽光底下，一樣能讓新娘看起來更加閃耀動人，而且背後還有藍海。您覺得怎麼樣？」

顧客：「既然如此，或許可以不用天窗。」

天窗是實現目的（讓新娘閃閃發亮）的手段，並非必要。類似這種實現真實需求的其他建議，就是替代方案。

前文提到男子買鑽子的故事中，假如男子的目的是讓兒子開心或跟兒子度過美好的時光，那麼或許也可以不買DIY工具。

只要充分掌握真實需求，其他解決方案一樣能實現顧客的願望。

雖然我們常常看到業務強調：「要解決這個問題，只能靠這個商品！」但他們卻幾乎不知道顧客的真實需求是什麼。

假如知道，就會發現「絕對非此莫屬」的情況沒那麼多。

再現性重點

只要知道真實需求，也就可以進行交叉銷售或提出替代方案。

12 如何獲得客戶高層信賴？

在職場上，掌握經營者或主管的真實需求，想必是每個工作者的切身且重要的課題。

只要能掌握和實現其需求，就會獲得他人高度評價和信賴，客戶說：「他非常明白我想要什麼」、「這個人仔細聽我說的話，實現我的願望」。經營者或主管則表示：「他是非常能幹的優秀員工」、「○○很可靠，工作交給他就沒問題」，說不定還會獲得加薪。

很多人需要跟經營者談判或隨時跟主管接觸。那麼，該怎麼得知他們的真實需求？這時，請把目光聚焦在經營者身上。

所有經營者都追求的利益，就是前文提到的六大價值：提高生產力、改善財務、提升企業社會責任、降低成本、避免風險及提升附加價值。

另外，掌握經營者的真實需求時，還有一個關鍵，是經營者「個人」的需求。對經營者來說，除了站在公司的觀點下決策，個人觀點也很重要。因為經營者擁有信念，並基於這份信念達成願景。

任誰都有原初經驗——影響人格形成的幼年期經驗，及對思考、行動模式或傾向造成影響的過去經驗。

原初經驗讓人會產生某些感受，又在人的心中留下痕跡。因為原初經驗，所以人們的信念或願景，如「其實想這樣做」或「其實想當這種人」等，往往關係到真實需求。

經營者有哪些經歷、擁有什麼信念，基於這些想要達成什麼願景？只要知道這些，你就可以成為優秀的理解者，贏得經營者的信賴。

經營者通常會將了解自己信念的人視為二把手，甚至還會覺得「既然是你說的，所以值得考慮」，而接受他的意見。

反之，不了解他們的心情，直接說：「總經理，這樣做比較好。」也無法打動他們的心。

此外，哪怕話說得再好聽，也不能企圖執行某些事，扭曲經營者原本的信念。例如，就算說：「總經理，若想在這個市場發展，套用這個商業模式比較賺。」但只要經營者心中認為「這樣或許更賺，但我的信念和願景與那個商業模式不一致」、「我不能搶那個市場，是因為有○○的信念和願景」，就不能行動。

我以自己為例，我以顧問為生，假如我的目的是「以顧問身分賺更多」，只要將特定產業的成功案例當成公關材料，推銷給日本同產業的公司，即可高效提升利潤。提案內容和業務方法照套就好，相當簡單。

但那並不是我想要的。我的信念是在日本公司中，落實價值主張（按：指不論是誰，都能產生價值且能提供價值）且所有人都能實踐，藉此度過幸福的人生。

我會產生這個想法，是因過去的辛酸經驗：兒時玩伴受到雷曼兄弟事件波及，沒了工作，也找不到工作，因此感到絕望而選擇離世。另外，我第一次前往東京出差時，看到商務人士後更堅定了想法。當時我覺得他們的模樣，象徵許多人在工作時感受不到價值。

再者，父母全力支持我的人生，也是推動我信念的龐大因素。

現在的我有三個孩子。等他們長大後，會覺得這個社會難以生存，還是讓人活得有意義？這都是產生信念的原初經驗。

我想在各式各樣的經營體系中，建立能實現價值主張的邏輯、系統及結構，任誰都能在工作時獲得客戶的感謝。正因擁有這樣的願景，所以對我來說，專攻一項產業將自己的利益最大化並不重要。

假如你想了解自家公司總經理，請先意識「為什麼公司擁有這個願景，為何總經理會說出這樣的話」。如此一來，就能從中看出他個人觀點及真實需求。

公司的真實需求關係到六大價值，經營者個人也有真實需求，當了解雙邊的需求時，經營者和你才能做出對公司真正有價值的建議、方案及工作。

附帶一提，與經營者溝通時不能忘，「經營者希望別人問自己真正要什麼」。經營者往往會想「希望別人知道我真正的想法」、「想要別人聽我說話」。可以想到的理由有兩個，是想教導部屬跟認可需求。他們想要別人認可自己的經驗或至今的實務績效。大家該做的是體察這份感受，實現對方的心願。比如：

經營者：「以前發生過這種事情。當時真不得了。」

你：「那件事是什麼時候發生呢？」

經營者：「我記得是二十五歲左右吧。」

你：「二十五歲就經歷過那種事，所以才會有現在的○○先生。」

經營者：「那時我拚了命努力。」

你：「為什麼要努力到那種地步呢？」

經營者：「我沒有好的學歷，所以才想要設法拿出實務績效。」

另外，各位要記住，經營者總是輕描淡寫沉重或嚴重的事。這是因為心理機制讓人不想以沉重的心情接受現實。例如，就算他們認知到與部屬的溝通不順是嚴重問題，也會以輕鬆的語調說：「最近部屬說出這樣的話來，真讓人傷腦筋。」

或者，就算深為業績下滑而煩惱，也會說什麼「最近業績不太好，但沒糟得一塌糊塗，問題沒那麼大……。」

基本上，人不想正面自身問題，所以談話時，會不自覺逃避。

雖然嘴上說著：「問題沒那麼大（用不著認真聽）」，心底卻想著「其實我希望你能好好聽」。畢竟要是露出嚴肅表情說：「希望你能聽一聽」，也許會讓對方擔心或厭惡。

只要能顧及這樣的想法，認真詢問「請問可以說得更詳細嗎？」對方就會說出真實需求。

不管對方是經營者、主管還是客戶，我們都要從隻言片語或對話中掌握和傾聽。假如能建立這樣的關係，就會從工作夥伴，進化成「除了工作，還能傾訴人生苦惱」的夥伴。

再現性重點

與經營者對話時，除了思考六大價值，還要考量到經營者的個人觀點。

13 多觀察目前社會重視什麼

工作時，為了對組織有所貢獻，必須實現自家公司的真實需求，包括提高產能、改善財務、提升企業社會責任、降低成本、避免風險及提升價值。你公司在滿足客戶的真實需求時，也必須做到這幾點。

簡單來說，你要做的只有一件事：不只是自家公司的真實需求，還要將社會（客戶）的需求轉換成價值並提供給他，再以對價的方式讓公司進帳。

只要提供價值給市場，讓自家公司進帳（利潤上升），就能逐漸改善生產力或財務。

當這些成果以金錢的形式出現，你便會獲得社會或公司的公正評價。

不論辭掉工作去創業或獨立接案，還是隸屬於公司，每個人都要了解社會需求的是什麼，也就是想「對社會來說，什麼東西才有價值」，並隨時提供這份價值給社會。

只要能做到這一點，就什麼都不用怕。

公司提供價值給社會之後，就會從社會中獲取金錢當作回報。

價值的泉源是需求，社會追求的需求關係到價值。

只要能把價值換成金錢，用數字如實以報，對公司有所貢獻，無論你去什麼公司、從事什麼樣的工作，獨立開業也好，以自由業身分工作也罷，都可以賺到錢。

覺得「每天的努力沒有回報」的商務人士，幾乎都只看見主管、總經理及公司，沒有看見社會。對此，我的建議是多觀察社會需要什麼。當你找到答案，便不再害怕，能憑自身能力賺錢，成為自立的人。

只要知道真實需求，就會知道更多工作方法和選項，進而拓展生活方式和人生的抉擇。

請務必從明天起在工作中活用本書介紹的方法，掌握需求，與經營者、主管或客戶建立穩固而長期的合夥關係。

再現性重點

藉由需求掌握法，將社會需求轉換成有價值的事物，貢獻給周圍的人，就能在真正的意義上，成為自立的人。

第4章

基恩斯為什麼這麼強？

1 這裡的員工憑什麼領高薪？

我想在本章透過基恩斯向各位介紹，該怎麼以企業角度掌握市場及顧客需求。

我以前在基恩斯擔任顧問工程師、促銷技術人員及海外促銷技術人員，這家企業的營業利益超過五〇％，平均員工年薪超過兩千萬日圓，金額驚人。

二〇二三年二月，基恩斯提交的決算表指出，銷售額為九千兩百二十四億日圓（約新臺幣兩千一百億元），營業利益為四千九百八十九億日圓（約新臺幣一千一百三十四億元）（該資料來自〈二〇二三年三月第三季決算概況〉）。

基恩斯在全世界的總員工人數約有一萬人。一間子公司約為兩千八百人。用總員工人數來除營業利益，平均每人的營業利益超過四千萬日圓（約新臺幣九百一十萬元）。換句話說，即使以營業利益為基準來衡量，員工每年會賺到破四千萬日圓。當然，這是扣掉基恩斯支付高額薪水後的數字。

包含平均年收入號稱超過兩千萬日圓的薪水後，基恩斯一間子公司平均每人賺的利潤約一．六億日圓（約新臺幣三千六百三十九萬元）。

前文說過，公司提供價值給社會之後，會從社會獲取金錢當作回報。換句話說，基恩斯提供給社會的平均每人價值非常高。雖然許多企業的銷售額比基恩斯更大。不過，基恩斯一名員工一小時開創的金額價值，凌駕其上。

每人開創的價值高低，關係到收入多寡。日本勞動市場中可舉出的大問題是低薪。會發生這種問題，是員工一小時開創的價值，也就是實現的顧客需求量少。

基恩斯員工實現的顧客需求量非常多。更正確的說是實現具備高價值的需求。

再現性重點

你開創多少價值，會影響收入高低。

2 以客戶需求為導向的組織架構

第三章提到，只要懂得掌握真實需求，將來不管從事什麼工作、處在哪種狀況，都能謀生。同理，假如一個組織知道如何找出客戶的真實需求，就可以變成絕對能存活下來的組織。

接下來，我要分享組織找出真實需求的機制。

雖然業務部、行銷部、商品企劃部及開發部等是不同部門的工作，不過各個工作方式都能持續找出客戶的真實需求。

以業務部來說，他們能最快了解客戶渴望的真實需求，所以應當扮演尋求的角色，可以藉由蟲之眼（按：意思是從細節觀察和分析，而不是單純從大局來判斷。常與鳥之眼〔宏觀視角〕以及魚之眼〔趨勢〕一起使用，以表達多種視角的分析方

圖 9　業務找出客戶要什麼，然後回饋給其他部門，以得到新商品的提示

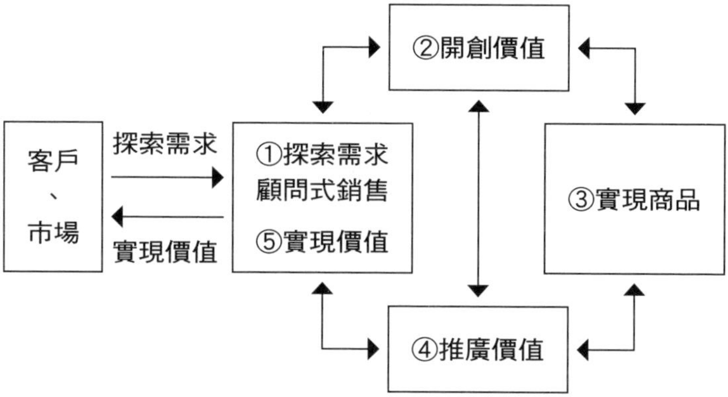

式），找出「這家公司為什麼渴望這樣」的關鍵。

所以身為業務，每隔一定週期（約一個月一次），應該將新課題或客戶的需求回饋給其他部門（行銷、商品企劃及開發等），其他人收到回饋後，便能從中尋找研發新商品或看出新市場的線索（見上方圖9）。

業務直接詢問客戶的課題，然後寫在需求卡上，再由總公司了解和活用其中的內容做商品企劃。基恩斯很重視機制，才會從創辦時就建立如下頁圖10的系統。

藉由這項機制，就可以將顧客的真

圖 10　真實需求推廣價值的架構

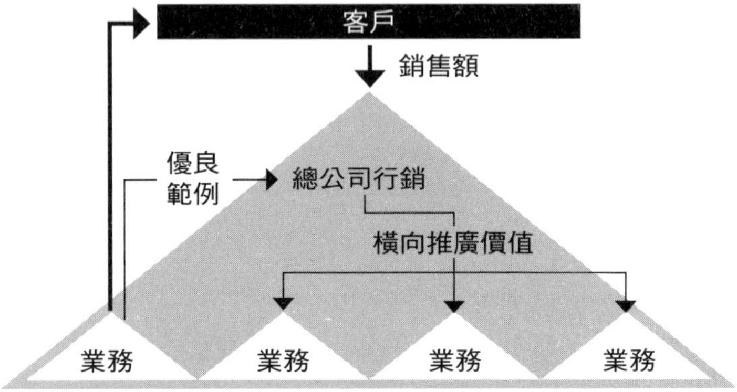
客戶
銷售額
優良
範例
總公司行銷
橫向推廣價值
業務
業務
業務
業務

實需求上報總公司。

這時，需要實踐「微行銷」（按：針對特定市場或者是個別客戶等，進行高度客製化的行銷活動，藉此提升品牌影響力）。

業務成功簽下合約、打敗對手、輸給對手或者是爭取到以往沒能合作的客戶……這些案例要從需求卡或業務實績汲取，然後分析「為什麼會賣」、「為什麼輸給對手」，將客戶購買理由橫向推廣給業務人員知道。

此外，出現成功案例或打敗對手的案例時，除了回饋給業務，也要透過電子報或私訊，向其他客戶傳達「我們能提供這樣的價值」。

換句話說，真實需求的解決方案也要橫向推廣給客戶。透過橫向推廣公司內外的價值，即可達到最有效率且有效果的行銷。

商品企劃部門從需求卡找出真實需求或可能成為潛在需求的誘因後，應當根據產品，從價值觀點來提供假設，並由商品企劃部員工親自徵詢客戶。因為能以現實角度徵詢新商品的，只有提出商品企劃的那個人。

另外，特地向許多客戶詢問「能決定業界意見的人」，也格外重要。說得更清楚一點，就是判斷「只要這位客戶認可，其他公司也會購買」，就帶著新商品的概念過去，問對方：「會想要買這個嗎？」

比方說，要是業界最尖端公司的生產技術人員認可你的產品，照理說其他工廠的生產技術人員也可能接受（當然，也存在相反情況，像「中小企業沒有這樣的技術，所以辦不到」就是一例）。

不只是商品企劃部，開發部也一樣，為了知道「自己的開發能力該活用在什麼地方」，可以跟業務同行，在他跟客戶協商時，觀察市場現況、注意客戶心聲。進而了解自己的技術對客戶來說有什麼用處。

藉由類似的職責分工，就能讓業務部、行銷部、商品企劃部、開發部等四個角色，統統面對客戶真實需求。

「整個組織掌握、了解及實現客戶的真實需求，是了解市場原理的企業應有的模樣」，這是比較我待在基恩斯的經驗跟其他公司組織的機制後，所學到的事情。

再現性重點

組織存活下來的關鍵，是全體員工都了解並實現客戶的真實需求。

3 基恩斯業務讓顧客不隨便比價

若你想追蹤真實需求，在面對挖對方含糊、不完全的回答時，得深入探討、追問到底。

關於要怎麼徵詢，我們以一般企業為例來說明。假設某企業引進平板電腦時，需求是開機快速、不管在哪裡都能上網。

業務為了深入挖掘需求，於是提出以下問題：

業務：「請問要多快呢？」

客戶：「按下按鈕就能馬上開機。大概○．一秒。」

業務：「○．一秒就好嗎？」

客戶：「沒錯。」

提問到這裡就停止了。這名業務沒辦法再深入挖掘。讓我們想想其他問題。

業務：「在哪裡能上網是指……？」

客戶：「像 DOCOMO（按：日本電信公司，其訊號覆蓋率極高，不管在日本哪裡，大都能接受到訊號）那種程度。」

業務：「還有其他要求嗎？」

客戶：「只要 DOCOMO 等級，就用不著其他的了。」

結果提問再次終止。

究竟怎麼做才能深入挖掘需求？這時，不妨參考以下提問方法，以挖出對方的真實需求。

業務：「為什麼希望開機快速，隨時隨地能上網呢？您想獲得哪種成果？」

客戶：「我們公司的銷售人員常常出差，但他們急性子，要是平板沒有馬上啟動，就會拖延輸入資料的進度。同時公司希望他們能快點共享資訊和製作文件，增加效率。」

業務：「原來如此。您希望銷售人員盡快共享資訊和製作文件，增加效率，提高生產力，對吧。」

客戶：「沒錯。」

業務：「這樣說來，您還有沒有想到其他會降低業務產能的事？」

客戶：「雖然我們還在用電子郵件分享資訊，但其實用群組聊天室比較好。」

業務：「原來如此，那我把群組用的聊天室放進提案裡。還有其他要求嗎？」

客戶：「說起來……。」

這樣就不會停止對話了。接下來就從這裡針對價值提出假設（按：指產品或服務是否能帶給使用者價值）。

業務：「貴公司完成無紙化工作了嗎？假如文件統統改成電子檔，內部溝通效率會大幅提升。」

客戶：「你說得沒錯，不過我們還沒實施無紙化。」

業務：「那麼，就把無紙化也放進提案，連同其他公司的成功案例也放進去增加說服力。再來就是……。」

在B2B情況下，企業會持續追求提高產能、改善財務、提升企業社會責任、降低成本、避免風險及提升附加價值。

像是提高產能之後，會想要提升得更高；壓低成本後，就會思考能不能再降低；或想盡量避免風險。

只要在跑業務時，展現出「只有我會深入了解和詢問」，就不怕被人比價。所以需要深入挖掘其需求，到讓對方說出「沒想到你會想得那麼遠」這種程度。

比價，是「只有客戶清楚知道自身需求」時，才會選擇的方法。當他們知道解決方法後，就能配合報價，判斷要委託誰，以期能用最便宜的方式解決問題。

換句話說，假如若你能實現客戶需求，對方必然不會再比價。

因此，不只針對客戶察覺到的問題，還需要為了掌握真實需求，建立價值假設，並問得更深入。

另外，要注意的是，因為人的需求無止境，所以單憑這次提供商品，不會完全解決需求。

比如，某公司藉由基恩斯的感測器，提高製造工程的效率和生產力。結果引進設備後，希望能提高更多生產力。

從基恩斯的產品提供流程來看，他們的目標不僅是提供單一產品，而是持續找出客戶的需求，以提供下一個產品。因為這麼做才能提升解決方案的價值。

以這種觀念來說，在企劃新商品時，洞悉價值的方向會非常明確。假如是B2B，方向就是追求六大關鍵；若是B2C，則是追求更好的生活。

這個方向能幫你找出潛在需求。

再現性重點

不論是個人或者是企業，欲望永無止境，所以要建立機制，不斷提供價值給客戶。

4 所有部門都是為客戶而存在

所有組織都應將真實需求，也就是「市場的聲音」當成起點，進而時時提供觸動顧客內心的商品。

雖然有程度差異，但有個關鍵卻至關重大，那就是「任何部門在試圖掌握真實需求時，都要有個確切方向」。

阿爾伯特・愛因斯坦（Albert Einstein）說：「用製造問題的思維去解決問題，是行不通的。」這句話指出，人們無法在製造問題的同一思維層次解決問題；就算暫時解決了，之後仍可能會發生同樣問題。

最典型的例子就是業務部和開發部之爭：「這個商品不賣，是因為開發部製造出不賣的商品」、「商品賣不好、滯銷，都怪業務人員的能力太差」（見下頁圖11

圖 11　各個部門都為了提供價值給市場而互動

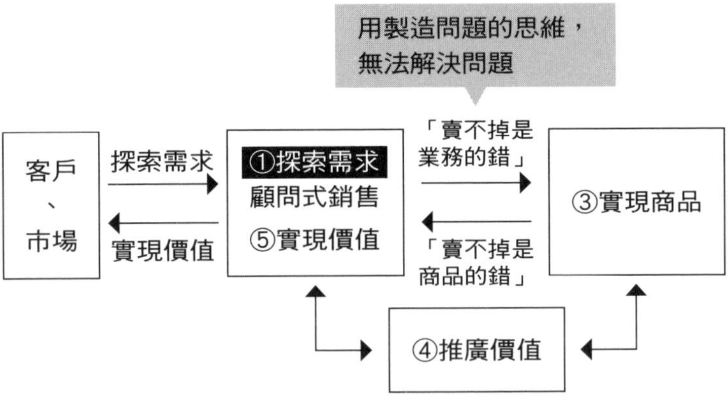
用製造問題的思維，
無法解決問題
客戶、市場
探索需求
實現價值
①探索需求
顧問式銷售
⑤實現價值
「賣不掉是業務的錯」
「賣不掉是商品的錯」
③實現商品
④推廣價值

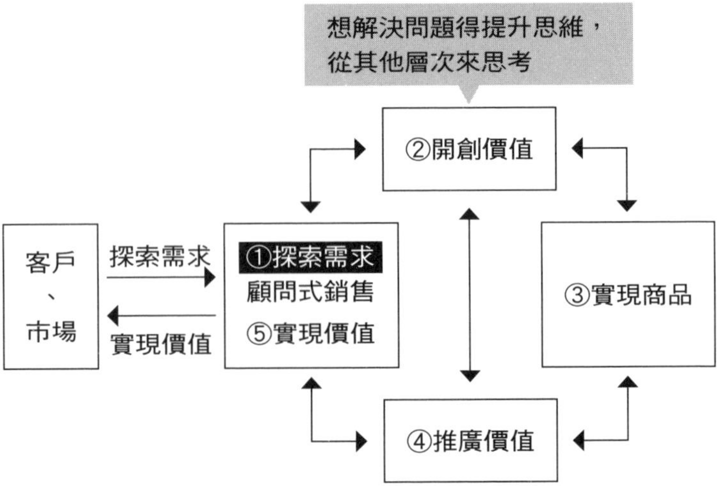
想解決問題得提升思維，
從其他層次來思考
②開創價值
客戶、市場
探索需求
實現價值
①探索需求
顧問式銷售
⑤實現價值
③實現商品
④推廣價值

上方圖）。

這種問題不能用「業務部對開發部」這種思維來解決。

而是要想，業務部或開發部是為了解決什麼問題而存在？

答案是「為了提供價值給市場」。所以各個部門的互動，並不是「業務做業務、開發做開發」這種相同層次的概念，必須昇華到「幫助市場，實現市場需求」這種更高一級的水平（見右頁圖11下方圖）。

為了實現需求才有業務部，為了實現需求才有開發部。可以說，不只是個別部門，整個組織都一樣。

在基恩斯，每個人都會想：「組織要怎麼實現市場需求」。反觀許多公司相反，只考慮「組織要怎麼將製造的商品賣到市場上」，也就是說，後者抱持的觀念是「組織改變市場」。

當然，實際上確實存在組織改變市場的案例。例如，蘋果就靠 iPhone 改變世界，不過，這種開創壓倒性革新的案例很罕見。

想順利發展，就要重視市場導向，也就是持有「組織為市場而存在」的觀念，為了市場而做好業務部、行銷部、商品企劃部及開發部。

歸納目前談到的內容，就是我從基恩斯學到的祕訣：只要「遵循市場原則」，就能擁有再現性，不斷拿出成果。

而市場原則就是以經濟原則，也就是以經世濟民為本，決定該怎麼做好各自部門該做的事。

業務部的目標是探索客戶需求，藉由提供商品解決他們的問題。行銷部則要思考從需求產生的商品，能否橫向推廣。商品企劃部除了業務要面對的範圍之外，自己也要尋找顧客的潛在需求，意識到現有技術與客戶的理想。開發部要面對的工作是以技術為主。

換句話說，就是業務、行銷、商品企劃及開發等所有成員，都要依照經濟原則，確實盡到職責。

基恩斯超過四十年不曾改變這個組織觀念。

其事業部從原本一、兩個，到現在增加到九個，依舊根據市場需求來行動。也就是說，儘管發生變化，但每個事業部乃至整個組織，始終堅持遵循經濟原則。

人事制度一樣要遵循市場原理和經濟原則，然後加以衡量。

歸納之後可知，將實現市場需求當成泉源，建立組織，持續最佳化，才是持續拿出卓越成果的祕訣。

再現性重點

「組織為市場而存在」的想法要徹底滲透到組織中。

5 打破資訊落差和業界慣例

若希望能貢獻價值給社會，組織要怎麼找出顯在需求、潛在需求及真實需求？讓我們先來看左頁圖12，深入了解流程和每個部門的動向。假如是市場導向型的企業，B2B目的就是獲得六大價值，B2C則是擁有更好的生活。

兩者的共通之處，是目的都分成「需求」和「技術」兩個方向。

探究需求一般是由業務來執行。說得更詳細一點，需求是客戶每天「在某種使用情境中的苦惱」。

察覺到的苦惱是顯在需求，沒察覺的苦惱則是潛在需求。當業務詢問對方後，就會知道顯在需求中也存在真實需求。

真實需求能藉由下列問題打聽出來：「雖然你說有這個困擾，不過還經營得下

圖12　工作建構法：建構新商品和事業的流程

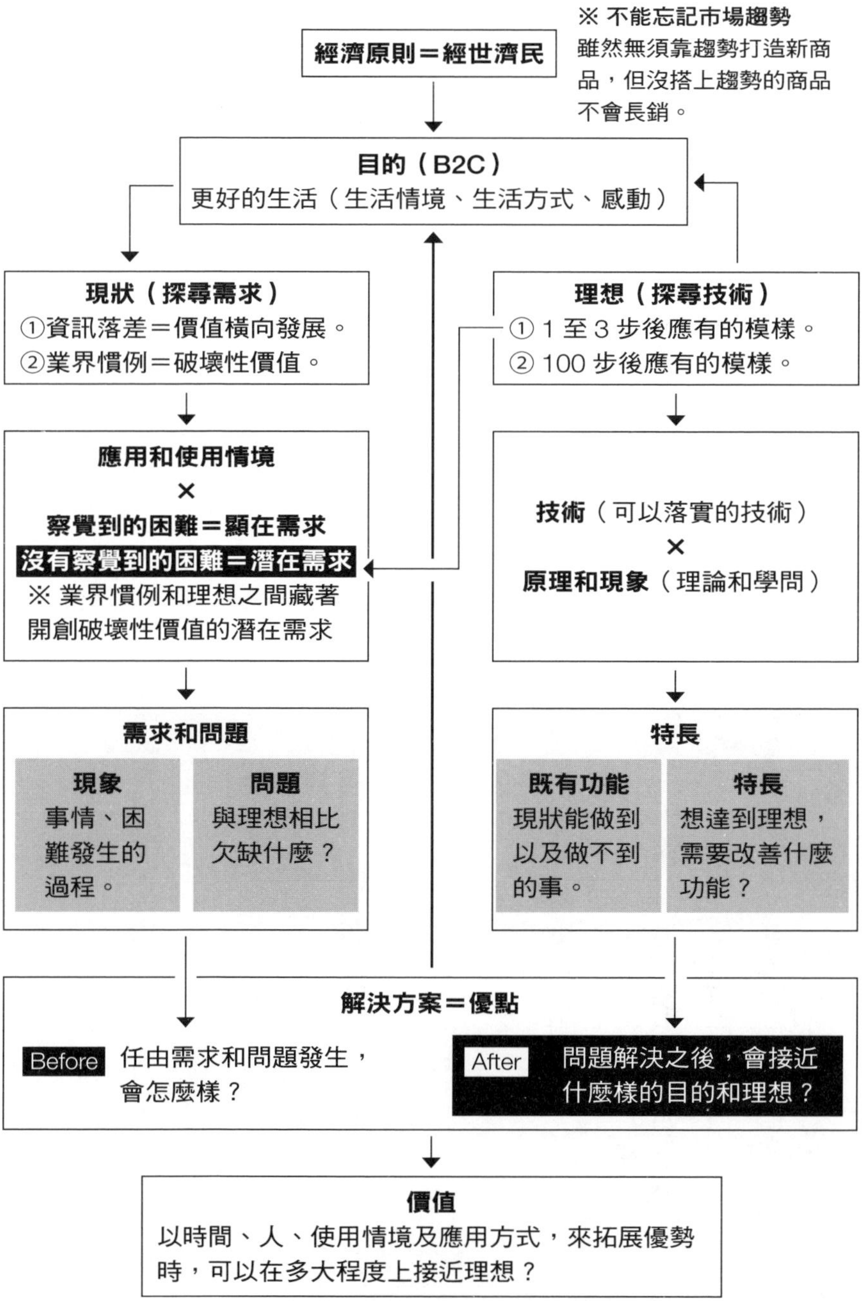
※ 不能忘記市場趨勢
雖然無須靠趨勢打造新商品，但沒搭上趨勢的商品不會長銷。
經濟原則＝經世濟民
目的（B2C）
更好的生活（生活情境、生活方式、感動）
現狀（探尋需求）
①資訊落差＝價值橫向發展。
②業界慣例＝破壞性價值。
理想（探尋技術）
①1 至 3 步後應有的模樣。
② 100 步後應有的模樣。
應用和使用情境
×
察覺到的困難＝顯在需求
沒有察覺到的困難＝潛在需求
※ 業界慣例和理想之間藏著開創破壞性價值的潛在需求
技術（可以落實的技術）
×
原理和現象（理論和學問）
需求和問題
現象
事情、困難發生的過程。
問題
與理想相比欠缺什麼？
特長
既有功能
現狀能做到以及做不到的事。
特長
想達到理想，需要改善什麼功能？
解決方案＝優點
Before
任由需求和問題發生，會怎麼樣？
After
問題解決之後，會接近什麼樣的目的和理想？
價值
以時間、人、使用情境及應用方式，來拓展優勢時，可以在多大程度上接近理想？

去，**為什麼會為了這個問題而苦惱呢？**」

假設客戶回答：「雖然經營沒問題，不過每個月機械會停機一次，所以工廠停工會浪費一天。即使工廠停工，也不可能就這樣讓員工回家、不工作，因此得花人事費。此外，機械關機期間也會產生損失，原本一天生產約五千萬日圓（約新臺幣一千一百三十七萬元）的銷售額會化為烏有。每個月發生一次，等於一年就損失六億日圓（約新臺幣一．三六億元）。所以每碰到工廠停工時，我都會非常煩惱。」

這就是顯在需求（不想停機）裡存在的真實需求（降低成本），而解決需求的方案就是商品。那麼，假設我們的商品能解決這項問題，使停機次數從每個月一次變成半年一次，損失從六億日圓縮小到一億日圓（約新臺幣兩千三百萬元）。

假如不理會對方需求，情況會變得怎樣；如果使用商品解決對方的困擾，有多接近其理想？

讓我們擴展範圍，從時間和人來思考。一年或三年後的損失有多少？假如工廠有一百名員工，損失會有多大？根據答案再回頭評估，解決方案具有多大價值。

接下來要思考潛在需求。這是客戶沒察覺的苦惱，所以就算詢問「你在煩惱什麼」，對方也答不出來。

要怎樣才能找出潛在需求？

其實有時資訊落差和業界慣例，會成為潛在需求的誘因。

舉例來說，當商品企劃人員詢問業務：「明明現在的技術可以解決，為什麼會說沒辦法做？」業務回答：「因為大家都說做不到」、「因為顧客之前這樣說，所以不能……。」

這時，商品企劃部或開發部等具備技術的人，必須找顧客打聽：「以現在技術來說，可以做到這種事，為什麼您會為了這個問題而苦惱？」

客戶可能回道：「我現在才知道可以做到這種事！」這就是打破業界慣例開創商品的瞬間。

當商品企劃部或開發部事先了解可以實現的技術及其原理，並想像運用技術可以做到哪些事，如此就能找到提供給客戶解決方案的線索。

因知道對方的理想，浮現點子時才能問出「可以做到這種事，您覺得怎麼樣？」有時，顧客對於某事心裡存在一些想像但不夠完整，而他沒察覺或不知道這一點。所以，當聽到「可以做到這種事」時，他腦中會立刻產生理想且具體形貌，進而出現追求理想的欲望，於是說：「那就萬事拜託了。」

這就是誘發潛在需求的瞬間。

假如商品企劃人員在總公司，跟行銷部和開發部擁有緊密關係。那麼，行銷部會提供業務所有的資料；開發部則會提供獲得的新技術資訊給商品企劃人員。

換句話說，商品企劃人員的腦袋會容納業務和開發資料、需求及自己查到的資料等。組合腦中的資訊，每天產生許多點子。

在這樣的狀態下，當想法因業界慣例被打槍時，就會產生疑問：「現在的技術應該做得到，那邊的負責人不知道嗎？」而詢問客戶。

這時要說：「謝謝您一直以來的關照。其實，本次承蒙○○指點……」做好準備工作，再進行對話：「聽說這次您基於這樣的考量，曾表示……我希望能詳細請教您這件事。為什麼您會這樣想呢？從我們的技術來說，有可能辦到這件事。」

要在談話中，藉由技術來引出對方的潛在需求，接著掌握真實需求。

商品企劃：「若能解決您的煩惱，會減輕多少損失，降低多少成本呢？」

客戶：「大概可以減少這麼多成本。而且降低工廠停工機率後，風險會跟著大幅下降。」

商品企劃：「該方案值得貴公司引進嗎？」

客戶：「當然，萬事拜託了！」

這是實現潛在需求和真實需求的狀態，也就是提出顧客沒察覺的解決方案。營造這種狀態是市場導向型企業的目的、商品企劃人員的責任。要是最後沒有找到潛在需求和真實需求，就拿不出賣得掉的方案。

即使是潛在需求，但若看不到強烈的真實需求（達不到能解決對方問題的程度），就吸引不了客戶下單購買：「沒想到可以做到這種事，雖然覺得不錯，但沒想要到會為此花錢。」

B2C中，真實需求的強度會表現在行動上；B2B中，則會表現在行動和金錢上。若對方強烈需要某事物，會為此動用人力或金錢。

反過來說，若沒有動用人力和金錢，就算說某需求很微弱也不為過。

業務：「對於這個問題，願意花費多少錢解決？」

客戶：「一年約一百萬日圓。」

這個數字對個人來說是一大筆錢，但若是年銷售額一百億日圓的公司，這點影響力就很難說是強烈需求。而且，就算製造這樣的產品，推廣時對於市場的影響力也應該很低。

業務：「對於這個問題，願意花多少錢解決？」

客戶：「一年約五億日圓（約新臺幣一・一四億元）。」

這個情況下，因為用到很多錢，所以很可能會提出強力的解決方案。此外，從耗費的人力資源中，也可以判斷需求對客戶來說強不強烈。

業務：「這份工作會用到多少人？」
客戶：「十人。」
業務：「這份工作會在幾個地方進行？」
客戶：「十個地方。」
業務：「假如用十臺機器就能自動化，您覺得怎麼樣？」
客戶：「那就拜託了。」

假如投入工作的員工有一百人，算出每年人事費要花五億日圓，哪怕一臺要數千萬日圓至一億日圓，對方應該會想買。

真實需求是否強烈，可以藉由現狀判斷，**詢問「產生多少損失」、「有多少成本」、「用到多少人」就能得知**。

再現性重點

想順利賣掉產品，重點是實現潛在需求和真實需求，以解決客戶的煩惱。順帶一提，B2C從行動；B2B從行動和金錢上，能看出對方想實現真實需求的欲望是否強烈。

6 具體想像使用情境

首先，我們要談談應用方式一詞的定義。許多人聽到這個字，會想到的智慧型手機裡的應用程式。

在本書，所謂的應用方式，意思較接近「使用情境」。情境的具體程度，會決定商品企劃成功率或新商品擴展速度。

應用方式要非常明確，就像是看圖說故事一樣。比方說，不要單純說「在倉庫裡……」，而是明確的敘述場景「在倉庫揀貨時使用……」。這是引出需求的關鍵之一。

一般而言，人們會贊同某個觀點，但進一步討論時，可能不同意某些細節。舉例來說，大家都認為要實踐數位轉型，但實際行動時，卻有各式各樣的意見。

其實，那這些人並非真的反對，只是因為沒有詳細了解，「搞不懂發生什麼事」，才無法同意。畢竟，人會抗拒自己不清楚的事。

這點在業務方面也一樣。因為客戶不清楚新商品，所以沒有購買。為了提高新商品的成功機率，需要在企劃階段，就要深入了解其功能，例如做到這種程度：「只要將該裝置的A部分裝在這裡來操作，就會提高生產力」。而商品賣不掉的公司往往做不到這點。

業務：「使用這套系統會很方便。」

客戶：「這真的有用嗎？」

業務：「只要連接到谷歌產品就可以了。」

客戶：「這怎麼運作？怎麼操作？如果我想推廣到整個公司時，該怎麼做？」

業務：「我需要確認一下……。」

客戶：「那先不用了。」

這段對話中，業務的提案沒明確設想實際使用商品的情況。

接下來以基恩斯經辦的感測器為例，具體思考要怎麼深入探討細節。

客戶為了提升工廠效率而買下感測器。通常每間工廠會配置一名廠長，但要廠長花時間安裝感測器，可說是浪費人才和人力。若找廠長以外的人來處理，就要設想到他們必須戴著手套安裝，否則會滿手油汙；就算說「請看說明書」，也不能保證對方真的會看。

不同於許多企業沒有探究到「實際使用」的易用性（usability），而基恩斯會顧慮到作業人員，所以在設計感測器時，會事先釐清商品的應用方式，然後準備簡單的接線方法，以及就算沒看說明書，也能憑直覺操作或設定。

換句話說，想吸引他人購買，就是被問到：「充分思考過客戶最後的使用情境嗎？」時，能給予肯定答覆。

以我來說，經常覺得自己在工作方面，沒想得那麼遠。經營公司的過程中，總認為「雖然企劃過各式各樣的培訓，但要事先考量到細節還是很吃力」。

培訓採取即時、面對面的形式，效果最高，不僅討論熱烈，也容易拿出成果。

然而，要參與者配合行程以齊聚一堂，其實是苦差事。

調度要花很大的工夫，還要包括從當地邀請貴賓的住宿費或成本等費用。可是省下這道工夫，培訓效果就會減弱，若製作成影片給參與者看，效果更差。

我也認為必須歷經這樣的過程，才能提供品質和體驗都很好的培訓課程，於是進一步思考培訓時的情境是什麼樣子。

應用（具體想像使用情境），絕不是想要強迫大家做到。只是，為了讓企業具備再現性、提升價值，就要像基恩斯一樣，徹底把這點套用到工作上，並持之以恆，最好做到「理所當然的做理所當然的事」程度。

做到這一點之後，下一個就是要詢問煩惱。

因為知道要怎麼應用，才有可能引出「正在苦惱什麼」的潛在需求。

業務：「其他公司的感測器，要價約九十萬日圓（約新臺幣二十・五萬元）到一百萬日圓。」

客戶：「這樣啊。」

業務：「但他們家感測器的顯示數字太精細了，其實沒必要做到這種程度。我們產品的規格雖然沒那麼高，卻很便宜，您覺得怎麼樣？」

客戶：「我覺得非常好。與其正確，我更希望容易觀看。可以的話最好是數位顯示。只要測到位元就好了。」

就像這樣，只要提供應用方式（使用情境），就能明確看出對方正煩惱什麼。這在技術業務以外的工作也一樣。

「業務工作中曾經碰到什麼困擾嗎？」這樣的問法非常含糊。不僅什麼也問不出來，有時甚至在附和「原來是這樣。」、「這還真讓人頭大。」之後，直接結束對話。

你可以設定一個情境：「業務在簡報中介紹自己公司時，會做什麼？」若能設定更詳細會更好：「業務在簡報中介紹自己公司時，要怎麼特別針對新客戶推銷？」如此就可以從對方回答中，看出他有哪些困擾。只要找「能在哪裡幫上忙」，我們就會掌握主導權。

再現性重點

人們雖然可能贊同某觀點，但進一步討論時，可能因不清楚細節而提出意見，為避免這種狀況，在企劃階段要徹底設想使用情境，讓大家了解。

7 基恩斯從不模仿對手

開門見山的說，基恩斯探求需求的「深度」，和其他公司截然不同。深度是以「清晰度」和技術為關鍵，首先談談清晰度。為了清楚掌握需求，提出顧客滿意的方案，要記得站在現場釐清對方的煩惱、查明其真實需求，以基恩斯來說，就是走訪工廠觀察。

因為要提出真正打動客戶內心的建議，該隨時意識「不是販賣商品，而是販售解決方案」。所以要記得了解客戶在現場使用商品的方式，時時追蹤詢問客戶的苦惱、問題及課題。

例如，基恩斯經辦的感測器商品有光學儀器，會藉由雷射射出後的反射角度或方向，辨識反應。可是，雷射光會受到其他光線干涉。要是陽光或其他光學儀器光線會射進工廠內，就會影響感測器，不如預期運轉。

假如客戶說：「誤啟動感測器導致機械停機。」這時要建立各種假設原因，是光線干涉、機械故障、產品的製程不佳，還是原料低劣造成的。接著針對假設，實際走訪現場，弄清誤啟動的原因和理由。

知道原因之後，就要採取對策以免再次發生。例如，原因在於使用方法不當，就要加以指導，若經常發生這類問題，要加進Q＆A。若是光線干涉造成，則要說明儀器在沒有干涉的環境下使用，或告知整頓環境的方法，接著在回饋公司內部時，提出客戶想防止干涉的功能。

接下來是技術。不具備技術的人就算在現場看到客戶的使用產品方式，也無法掌握潛在需求。前文也曾提到，理想的使用方式來自技術，加以比較後潛在需求就會出現。

所以，為了找出潛在需求，得持續提升有益於應用的技術。

比如，像基恩斯針對工廠現場掌握潛在需求，得學習客戶商務現場的相關知識，像是光學、熱力學、部門需要的可追溯性技術（按：為確保產品在何時、何地、由誰生產，從採購原料到生產、消費直到廢棄，其過程都是可追蹤狀態）或系統技術。

同理，若是你的客戶是人力公司，就要學習心理學、腦科學或行為心理學等；假如是工廠，就是光學、力學、熱力學及機械工學；若是食品加工公司，就不只是食品加工的知識和營養學，還有企業客戶超級市場會思考的推銷知識。

平常要以學習態度吸收這些技術，要是沒意識到這點，便難以真正掌握需求。若希望溝通時能淺顯易懂的說明，可以提出對方熟知的成功案例，讓他知道活用這份技術後，可以獲得怎樣的結果。

鍛鍊判讀趨勢的能力也很重要，因為這裡也會冒出需求。

比方說，5G 可以實現高速通訊。不過，5G 電波的頻率很高，禁不起建築物或障礙物阻擋，直進性強，容易衰減。因此，需要非常多基地臺。

雖然有這樣的課題，不過 5G 的益處很多。要是沒有 5G 網路，很多系統就不能自動運作。以社會效率的角度來思考，會發現「想要自動運作」是世界趨勢。

假如 5G 時代來臨，基地臺的建設和 5G 接收器的生產需求就會提升。

衡量「使用哪裡的原料跟半導體」後，便可預測「廠商會製造和投資新裝置」。像這樣掌握趨勢，接著據此建立假設：「這個業界應該會出現關於5G的專案。如此一來，會需要這個裝置跟生產力。這時，客戶應該會因不具有裝置而煩腦。」接著實際詢問客戶。

正因基恩斯像這樣比其他地方更迅速、深入且詳盡的掌握需求，所以才不斷成功、持續展現卓越成果。

不過，「迅速、深入及詳盡」沒有終點，所以我們必須不斷探究。基恩斯不曾停下腳步，我們不妨從現在開始學習基恩斯踏上一流之路。為此少不了持續自動營運的組織結構，或讓經營者和員工不斷學習的機制。

再者，為了在市場中保持優勢，需要注意其他對手怎麼行動、實現什麼需求。這與其說是為了模仿而觀察競爭對手，更準確的說，是觀察對手所實現的需求在市場中是什麼定位，再看看「他們哪個地方沒滿足客戶需求」、「哪個部分表現突出」。

模仿對手充其量只是換湯不換藥，所以就算「我們做了同樣的事」，要是沒有比對手做的事情更有幫助，商品就賣不掉。

但令我感到不可思議的是，許多企業往往只想模仿對手。

假如要換湯不換藥，就必須在挑戰前認真分析和評估「第一個熬藥的人實現了什麼需求」、「尚未實現的需求是什麼」（不過就算是換湯不換藥，只要能以破盤價生產，也可能確保市場）。

讓我們做個總結：了解產品使用情境、提升技術、判讀趨勢、調查競爭對手，都能讓提高解決客戶需求方案的價值。基恩斯之所以這麼強，就是自始至終都以組織的立場實踐這些工作。

再現性重點

若想掌握顧客需求，持續提升自身技術，也很重要。

第5章

再現性的流程與基礎概念

1 解說、示範，更重要是體驗

公司始於企劃「什麼商品或服務讓客戶想買」。就算說商品企劃部的優劣會改變其命運也不為過，從這點來看，商品企劃部就是組織裡的「再現性指揮塔」。

我毫不誇張的說，基恩斯能成功是因為商品企劃部懂得再現性多重要。這間企業重視的觀念是「透過商品改變社會」。我記得很清楚，當自己進入基恩斯時也為這句話感動，懷抱憧憬。

人的社會和生活因為商品而大幅變化。汽車、家電產品、電腦、智慧型手機……要是現在周遭許多商品不存在了，我們的生活想必會截然不同。

正因抱著「商品把我們的生活變得更好」想法，做出來的新商品才會開創高價值。一般認為這是公司的基礎觀念，「商品才是最佳對策」。

由於業務人員藉由電話、電子郵件、面談或是其他方式，與有望顧客或客戶接觸的時間有限，所以很難在短短幾分鐘內就完整說明商品的優點，不過，要是能讓客戶直接接觸商品，例如提供試用的商品（展示機），客戶可以實際體驗自己能獲得的價值。

事實上，大多數客戶都會想：「我想實際審核商品，希望廠商示範，然後讓我試用，而不只是用口頭說明其機能或特點。」

由此可知，與客戶見面時，談話（用言語說明）、示範及體驗等三點是關鍵。要打造價值高的新商品，不只是商品企劃部或開發部，包括業務部在內，必須建立機制讓全公司團結努力。

業務人員不能認為「我們的工作是賣掉商品，商品企劃部和開發部跟我們無關」，企劃和開發人員也不要認為「這是業務部的事」，而是要意識到整個公司，讓商品對客戶有所幫助。

我們應該這樣想，努力將附加價值高的商品提供給客戶，提升公司應有的價值，增加銷售額和利潤，最後結果也會反映在自己的薪水上。

如果是藉由個人業務能力或跟流行等方式，暫時增加銷售額和利潤，公司也會猶豫是否替員工加薪，因他們無法肯定這種方法能穩定獲利，也就是再現性不高。就因為堅信「透過該商品持續賺取利潤」、「穩定且持續打造和提供具備高附加價值的商品」，公司才能以薪資或獎金的名義，將利潤分配給員工。關鍵在於全體員工都思考「自己該怎麼貢獻」，以便做出以再現附加價值為主軸的商品企劃。

而基恩斯的傑出之處，就在於建立貢獻機制，就算沒有每天意識到，也能對新商品的企劃有所貢獻。

再現性重點

業務與客戶見面時，除了談話（用言語說明）、示範，還要讓對方實際接觸商品體驗。

2 商品能解決誰的問題？

想透過商品改變社會、提升公司利潤，製造出的附加價值高商品，就必須具備再現性（測量穩定，確保品質穩定）。因此，少不了商品企劃部。然而，不知為何很多公司明明有業務部或開發部，卻沒有商品企劃部。

業務在現場最前線掌握客戶的需求，吸引客戶購買自家公司的商品；開發是讓商品在技術上成立，實際做出商品。

反觀商品企劃，則思考要藉由商品解決誰的什麼問題，有什麼優點，能提供什麼價值給客戶。換句話說，這是「發現什麼事物會變得有價值（決定價值）」。

以前，許多日本企業是經營者親自做商品企劃。

即使是現在，創新型中小企業或新創企業，也多半是由經營者做這件事。

然而，當經營者年齡漸長或組織壯大，必須分割許多事業或任務時，他們就會從商品企劃職位中退下來。結果，商品企劃的速度和品質在這時會一口氣下滑。

這樣的公司往往沒有明確定義商品企劃的重要性或職責，也沒設置專職部門。這是因為對經營者和創業者沒有察覺，傾聽客戶的苦惱；諮詢公司內部的開發人員；自家公司能做到極致的技術是什麼；向客戶提案，再傾聽其要求；詢問公司內部人員……這些自己認為理所當然做的事情，竟是關鍵任務。

所以沒注意到必須設置商品企劃（開創價值）的部門，就離開這份職務。

商品企劃人員必須時常掌握顧客或市場的需求和技術（提供事物的理想樣貌）。且要逐一定義「怎麼解決誰的什麼問題」、「什麼有價值」。

這樣的重責大任，許多公司會讓兼職或有空的人擔綱，但既然這是發展事業的核心工作，就不該找空檔來做。

在日本企業，商品企劃存在感淡薄的原因，主要在於組織結構。

不只基恩斯，日本國內外賺出龐大利潤的公司都有相關的專職部門，由懂得商品企劃的經營者或能幹的人員組成，並制定策略。

而賺不到錢的公司則相反，他們一心仰賴「戰術」，指望出現偶然的機會，能「藉由業務或開發人員的活躍，讓銷售額大幅成長」，這樣不可能賺出持久而穩定的利潤。

商品企劃沒有發揮功能，企劃速度慢，沒能持續開創價值也拿不出成果，這些現象的根本原因，就在於組織結構裡沒有商品企劃的部門或人力。

再現性重點

商品企劃是發展事業的核心工作。要是組織裡沒有專職部門和人員，就必須重新審視組織結構。

3 先調查分析市場，然後馬上走訪客戶

接下來要具體說明具備再現性、持續拿出成果的商品企劃特徵。

聽到商品企劃，方法可分為產品導向或市場導向。前者是活用自家公司的強項或技術，後者則是配合顧客的需求。

雖然兩個方法明顯不同，不過藉由融合兩者，就可以做出「既有高價值又能擴大規模的商品企劃」。用我的話來形容，就是「產品導向之後市場導向」。

這個想法乍看之下或許讓人覺得矛盾，但我認為這正是帶領基恩斯走向成功的方法之一，也是我稱基恩斯為「新市場導向型企業」的理由。

話說回來，產品導向之後市場導向是什麼意思？

簡單來說，就是讓新商品具備再現性、持續拿出成果的過程中，首要分析業務

策略、自家公司的強項、新事業的規模及其他要素，再以微觀視點，詳細閱覽自家公司的分析結果或調查和分析市場趨勢。然後琢磨各種點子，決定要商品主題。

接下來，針對新企劃訪談、調查客戶，深入研究更詳盡的需求。

到目前為止的行動屬於產品導向，技術和需求都會經過分析，連市場趨勢也要調查和分析。

接著，行動要轉以市場導向為主。

許多公司會在商品的企劃階段，以潛在顧客和有望顧客為對象，進行問卷或其他調查。然而，單憑這樣還不能判斷該商品是否真的有價值。尤其是專賣給法人顧客的商品和服務，會更難判斷。

假如是賣給一般消費者的 B2C 商品和服務，要藉由問卷調查或訪談等方式，直接蒐集終端使用者的聲音。然而，B2B 商務往往要面對眼前的顧客，還有「顧客的顧客」，以及在那之後的終端使用者，所以無法輕易簡單掌握「什麼是真正的價值」。

那麼，在企劃階段，該怎麼針對有望顧客或客戶研究？

假如有懸而未決的事項，就要想出點子或提出假設，並馬上走訪和徵詢客戶，以便求證其意見或應用方式，問：「您真的想要這個商品嗎？」、「假如製造這種產品，您會購買嗎？」便能更詳盡、具體的想像。

換句話說，就是先以產品導向的觀念，構思覺得「能賣」的企劃，鞏固商品形象。其次針對「商品要在什麼場所、以哪種用途、怎樣的概念，解決什麼問題」，歸納點子和假設，再詢問客戶。

假如在這個階段中，能讓客戶信服「這是出色的商品」，就可以正式開發，但若很難勾起客戶的興趣，就要改善或擱置這份企劃。

要是完全無法讓對方理解，就表示原本的概念錯了，要從頭更改。

為了確實提供價值給客戶，必須在企劃階段求證「製造後是否真的願意買」。基恩斯會在上述階段中做這些事情。當然，徵詢方法是該公司的祕招，能精準掌握客戶要什麼。但像基因斯一樣抓住需求、進行商品企劃的公司並不多。

目前為止，談到了產品導向之後市場導向的觀念和方法。

換句話說，意思是「以產品導向企劃出來的東西，要具備市場導向的觀念，實際對客戶說明和徵詢，確實掌握需求」。

再現性重點

以產品導向觀念構思出來的企劃，要藉由市場導向的方式對客戶說明，再透過徵詢和其他方式確實掌握需求。

4 每個階段都要思考能不能賣

接下來要解說「產品導向之後市場導向」中，商品企劃的機制與開發和販賣之前的基本流程。

首先，進行市場分析或蒐集並分析客戶需求。其次思考新商品的素材或點子，從中鎖定主題，決定執行哪個商品企劃。

在決定製造某商品之前，重要的是「是否展開正式調查」。因為一旦開始正式調查，進入下一個步驟，要花費很多時間、金錢及人力資源。

所以，為了提高商品企劃成功率，要在開始正式調查前找客戶，並徹底詢問：「您會為了這種事煩惱嗎？」、「要是有商品能解決這個問題，您會購買嗎？」

為了釐清客戶的課題和問題，可以把對方現在實際發生的煩惱寫下來或畫成圖，喚起客戶的記憶，不要只靠話語表達。

重複一次，為了提高商品企劃成功的機率，需要在著手開發之前，徹底做好驗證和審核。另外，也要讓開發部研究和調查該點子是否真的能執行。無法判斷「這個商品能賣」、「這個企劃值得花時間、金錢及人力資源」，就不能執行。若沒求證就推動，許多時候就會淪為倉促行事，導致失敗。

唯有經過驗證和審核，判斷沒問題後，才能進入正式開發階段。

接著是實際開發商品，最後連同販賣或生產相關人員一起召開審核會議，最終審核「販賣這個商品有無問題」，才終於發行。

附帶一提，基恩斯每年會想出許多新商品的素材或點子，但只有幾個會進入正式調查，最後再投入開發和發售。

接下來還不能大意。直到販賣新商品的最終階段為止，也就是實際展開業務工作的前一刻，都要反覆試銷（test marketing，除了提供衡量試用品及新產品廣告與競爭者廣告的相對效果，還可運用收集的數據來預測整體市場的銷售潛力）。

在堅信「這個商品絕對能賣」後，才要展開業務工作。因為在這之前，業務工作會蘊藏著看不見的大風險。

新商品不賣時，除了表面上出現「開發和生產費用層面的損失」，但其背後還包括業務團隊販賣新品所耗費的時間成本。因為若用那些時間來販賣既有商品，能提高既有商品的銷售額和利潤。

假設全體一百名業務，在一個月內花了三分之一時間在販賣新商品。要是那個新商品不賣，會怎麼樣？

若一百名業務每個月人平均創造銷售額五百萬日圓，就可以算出全體業務每個月銷售五億日圓。由此可推算，每個月都會損失一．六億日圓以上（五億日圓的三分之一）。

通常，一般企業不會計算這種損失。

而基恩斯為了提升商品成功機率，便架構出商品企劃和開發機制，到處設置「中斷也沒關係」的安全網，重視「如何迴避龐大的損失」。藉由落實這種綿密的機制，就我所知，基恩斯幾乎沒有發售後賣不好而停止製造的商品。

企劃、開發、業務，將上述所有流程最佳化，徹底降低失敗機率的機制，才有可能做到這一點。

即使是基恩斯，從新商品企劃的素材數量來看，能成功的只有幾個，可以說企劃成功機率絕對不高。但只要運用目前分享的篩選方法，就可以拉高發行後的成功機率。

再現性重點

發行新商品之前定下幾道判斷流程，就可以降低失敗率。研究是否要做出商品時，連「可以投入業務工作嗎？」都包含在內並加以判斷。

5 什麼時候判斷商品要推進或中止？

目前依序解說過我從基恩斯學到新商品企劃、開發到販賣的基本流程，其基礎觀念許多企業都可以運用。

不少公司在事前調查、鎖定主題或其他相當早的階段中，就決定「照這個概念開發和販賣」。

他們不像基恩斯會在正式調查前及開發前做判斷。

當然，即使像基恩斯做了再多的事前調查，有時企劃也可能在調查過程中駁回，結果包含人事費在內，前面幾千萬日圓左右的投資就付諸流水。

但在駁回之後，「只要幾千萬日圓就解決損失了」。

因為一旦調查結束，進入開發階段，投資規模往往是調查階段的好幾倍，大則幾億至幾十億日圓。要是直接開發，之後又賣不掉商品，沒能回收莫大的投資，就會慘不忍睹。

想複製成功，要記得從商品的企劃階段、決定製作商品到販賣，架構出扎實的流程，接著整個公司依照這個流程同心協力經營到底。

將點子轉換成實際商品後，再增加投資額。

早期階段中，只有商品企劃人員或經營者在推動，途中會拉其他部門的人進來，增加投資額，最後連業務人員一起參與，於是投資下去的經營資源，就會像滾雪球般越變越大。

此時，關鍵是如何在早期階段中，判斷案子要推進或中止。一旦動用大量人力和金錢後，就很難判斷修正路線或撤退。

話雖如此，不過判斷時機依公司規模或成長階段而異。

例如，創新型中小企業並非一定要在早期階段中做判斷。

因為他們用來開發新商品和服務的早期投資費用多半很少。有時甚至只有總經理或商品企劃人員投入的時間。

因此，邊推出新商品和服務邊修正路線，也是一個選擇。

尤其是將ＡＩ活用引進商務的現代，能一邊做新東西或服務，一邊臨機應變切換方針，非常方便又迅速。假如沒有「一旦開發後就必須持續定量製造」的投資計畫，就先製造商品，向客戶示範和徵詢意見，同時不斷改良。

不過，就算面對歷史悠久的製造商或者是創新型中小企業，徵詢方面絕不可能妥協。

這時，你要用三個問題徹底了解細節：「假如製造這個，會願意買嗎？」、「買了之後會怎麼使用？」、「買了之後會派上什麼用場？」

再者，也要記得讓客戶用自己的話表達，像是：「這個裝在這裡，發揮該功能後，就會像這樣改善。」仔細傾聽客戶的發言，同時在商品企劃階段中充分掌握背後的真實需求。

我也遇過企業頻頻諮詢商品企劃或販賣的相關事宜，不過就算是發售後的商品，很多客戶聽到這三個問題，仍無法給予肯定答覆。

例外，我希望各位注意的是，試行階段中應只讓拿得出銷售實績的優秀業務人員執行，而不要拉「滯銷業務」參加。

因為他們找不出潛在需求，也無法將商品的價值傳達給客戶。就算他們試圖調查和探索客戶的需求，也得不到正確結果或預估賣量。

我建議製作確實能賣的業務話術腳本後，再讓滯銷業務參加業務工作。

再現性重點

想要複製成功，就要從商品的企劃階段到販賣，架構出扎實的流程，接著整個公司依照這個流程同心協力經營到底。

6 從業界慣例和資訊落差找線索

找出新商品企劃時，該注意兩個重要關鍵：業界慣例、資訊落差。

雖然第四章曾提過這兩點，不過現要從商品企劃的觀點來說明。

相信各位在跟客戶談話時，都有聽過「在我們的業界，這個部分是這樣做的」、「在我們的業界，這是理所當然的」……也就是所謂的業界慣例。

假如你聽到客戶說出「在我們的業界」，要覺得很幸運。因為這代表，對方認為「其實這種做法沒效率（或白費工夫），卻不得不做」。

假如能發現業界慣例，並制定改變業界慣例的解決方案，就有可能延伸出產生「破壞性（按：指改變某個產業競爭模式）價值」的新商品企劃。

舉個例子，不論是會計軟體或金融類網頁，從安全性的觀點看來，個別開發的地端型（on-premises，指在企業內部運作）軟體才是主流（業界慣例）。

不過享譽日本雲端會計軟體的領導品牌 freee，和提供與金錢相關服務（如個人財務管理等）的 Money Forward，雖然兩者服務內容或事業策略不同，卻都將原本只在地端型軟體或網頁改成雲端型，且廉價提供，擴大事業。

在現代，現在雲端型軟體顯得理所當然，這就是轉變為新價值觀的好例子。

「無論哪家公司工作時用 Excel 製作個別格式」、「在我們的業界，業務方面沒有特別嚴謹的規則，要隨機應變」，聽到以上這些話時，不能照單全收。而是要想，「這家公司很可能在建立機制或系統後，不知道更有效的成功理論」。

工作方法原本該有個扎實的理論。然而，因為不知道理論，也不知道其他成功的公司、其他業界一帆風順的公司怎麼做，所以過去一直以沒效率的方法做事。

實際上，這樣的公司或業界為數眾多。當然，與客戶的對話中，絕不能不分青紅皂白就否定他們沒效率。

「還真是不得了啊。」我們要像這樣正面理解客戶的煩惱，詳細詢問讓客戶困擾的業界慣例，而這裡藏有新商品企劃的點子。

圖 13　找到資訊落差，就找到價值

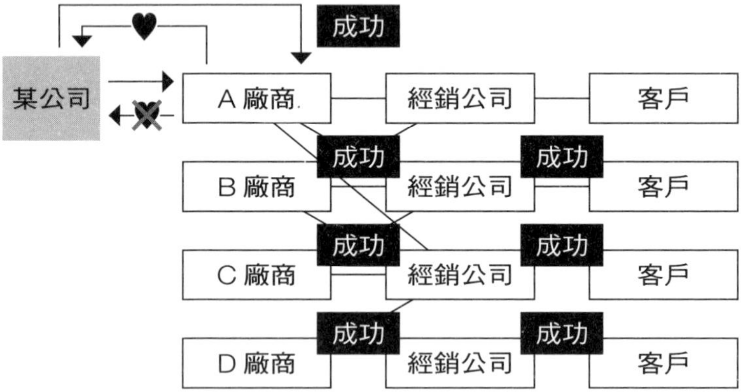
成功
某公司
A 廠商
經銷公司
客戶
成功
成功
B 廠商
經銷公司
客戶
成功
成功
C 廠商
經銷公司
客戶
成功
成功
D 廠商
經銷公司
客戶

另一個發現需求或價值延伸出新商品企劃的重大要素，是資訊落差。

如上圖13所示，某公司對A廠商、B廠商、C廠商及D廠商做業務，各家廠商彼此是競爭對手。

當這個架構形成時，其實客戶很難知道各廠商間的成功案例。

誰會知道成功案例？

答案是針對這個業界做業務的公司。他們能看見某家公司實際拿出成果，其他公司卻做不到。

這是資訊落差。只要能了解差距，將其轉變成其他公司也想要的價值（商品），就可以賣給不知道這個成功方法的公司。

這個做法就是利用資訊落差，來橫向推廣價值。

我在諮商推廣方法時，也會活用這項觀念。我不只活用在基恩斯任職時的經驗，還會調查各種先進企業的成功案例，然後化為言語、建立架構，制定理論，讓其他公司也能複製做法。接著普及完美確立的業務、行銷及商品企劃等系統，如此一來，不論什麼公司都可以再現。

推廣任何商品和服務時也一樣。

比如健身房，會分享成功案例，「順利瘦身的人是怎麼做的」，傳授瘦身法作為自家公司的優勢。

再舉個著名例子，愛迪生發明了白熾燈，而這個成功案例橫向推廣到全世界（現在則由 LED 取而代之橫向推廣）。

就像這樣，只要聚焦在資訊落差，就可以開創具備附加價值高的新商品。

打破業界慣例或是利用資訊落差，都是想出新商品的關鍵要素。業務、行銷、商品企劃及經營相關人員，都應要意識這點。

再現性重點

從業界慣例中，存在可能延伸出開創破壞性價值的新商品企劃。只要運用資訊落差，就可以橫向推廣價值。

7 所謂的白費是指半途而廢

目前談到的內容，並非一朝一夕可以做到。唯有不斷追求和探求，才能像基恩斯一樣持續開創附加價值高的產品。這也是「產品導向之後市場導向」的根源。對各種人事物的動向感興趣，好奇「為什麼會演變成這個結果」、「為什麼會是這個數字」，然後徹底調查。只要像這樣持續努力，一定能再現價值。

或許有人會覺得花太多時間探求，是白費工夫。但我不這麼想，而是認為所謂的白費工夫，是指半途而廢，想著「這樣就好了吧」便不再行動。

所以我很尊敬基恩斯能保持探求之心，持續努力。要是空不出時間，就一邊製作商品一邊探究。尤其是新創企業或創新型中小企業，更得採取這樣的態度。

要是沒實際試作商品讓客戶使用，很多事情便無從得知。

耗資龐大的東西就另當別論，假如是繪製簡單的概念圖或示意圖，現在使用生成ＡＩ就能在超短時間內完成。就連ＩＴ類商品，全尺寸模型（酷似實物但不能啟動的樣本）都能在短時間做出來。創新型中小企業可以把做出來的東西實際展示給客戶看，讓他們留下印象，使用樣本，觀察反應再加以改善。

新商品的再現性是企業的永恆課題，整個公司、組織都必須持續追求這點。別以為建立再現性高的機制之後就安穩了，**必須配合時代變化納入新要素，加以改善，時時深入探求什麼是正確答案**。藉由不斷深入探求，就能增加利潤，打造具備再現性、企業價值高的公司。只要公司獲利增加，自然能替員工加薪、改善待遇，變成任誰都能活得更輕鬆的社會。

再現性重點

要做好心理準備，保持鍥而不捨的探求之心。

8　一天兩次PDCA循環

基恩斯發展事業時，在所有層面上建立機制，徹底追求「如何提高價值」，並以落實這一點為目標。從此可說，這是一間「附加價值再現性企業」。

接下來我會根據在基恩斯工作的經驗，多方面說明附加價值再現性企業會實行的基本觀念，以及提升再現性的機制。

本節開頭要介紹的是超快進步組織機制，簡單來說，就是一天兩次PDCA循環。

我們從營業業務中的PDCA循環開始說明。

請看下頁圖14，朝會查核當天的目標，制定一天的計畫（Plan），上午再據此撥打業務電話（Do）。午會查核和評估上午電話業務的進度（Check），同時

圖 14　公司內部一天的架構

8:30～	朝會	今日目標查核	P
9:00～12:00	電話		D
12:00～13:00	午餐		
13:00～13:15	午會	今日目標中間查核	C A P
13:15～18:00	電話		D
17:30	結算		
18:30～	庶務、國外通訊等		C A

今日目標	
電話	50 件
商務邀約	8 件
重要邀約	3 件

今日目標		
電話	50 件	20 件
商務邀約	8 件	4 件
重要邀約	3 件	1 件

今日目標		
電話	50 件	52 件
商務邀約	8 件	9 件
重要邀約	3 件	2 件

一天兩次 PDCA 循環

反映在改善方案中，制定下午的計畫（Action、Plan）。

假如在午會時判斷「上午的案子數量不夠」，為了達成當天的案件數，就要建立計畫設想下午的電話要怎麼打。

接下來，下午再撥打一次業務電話（Do）。

最後針對當天目標評估實務績效（Check），研討隔天要執行的改善方案（Action）。

像這樣建立機制後，全體業務人員要依照機制完成業務，確實執行一天兩次 PDCA 循環。

只要擬訂一定的形式，再以此為基礎

編製一天的行程表，就能讓PDCA循環確實發揮作用。

許多公司認為「為了PDCA循環，要先做員工教育」，指示員工閱讀相關書籍，再委由員工個別判斷施行。這麼做或許能提升每個人的意識，讓此循環在個人的業務上順利發揮功能。可是，整個組織的PDCA循環就會完全停擺。

另一方面，假如替PDCA循環建立機制，只須由公司內部能幹的人建立再現性高的形式（指其他人容易複製、照做），全體員工再遵循這個基準來行動，PDCA循環自然會開始運作。

其實，世上存在許多類似PDCA這種任誰都能實踐的機制，不管員工數是兩千人或三千人，只要組織協調、配合，全員按照指示行動，就能保證業務品質，加速所有業務的發展。

再現性重點

只要建立出色的機制（這次的例子是PDCA循環），無須讓員工接受許多的教育訓練，一樣能不斷締造成果。

9 九大觀念，提升再現性基礎

本書目前介紹過成為再現性組織的機制，根柢中有我在基恩斯學到的基礎觀念。雖然當時還學了其他很多東西，就我所知特別重要的有九點：

1. 照實面對

顧名思義，就是工作時，應當隨關注「真實」（不要撒謊）。

實際上，我以顧問身分活動，面對不真實的資訊，會強烈感受到拿不出成果。要是遇到錯誤的問題和問法，提出的解決方案就沒效。

因為照實面對，才能精準提問。

從這個意義上來看，就是要以相當嚴謹的眼光，審視提交給公司的報告是否混雜不實。

2. 用意

指「所有事物都有意義」。

舉例來說，遠距工作普及後，有些人便質疑到辦公室上班的必要性。

事實上，上班能加強公司內部規律、對工作產生責任感、推動組織學習，與顧客維持深度接觸……當然，有時要為此花費成本。

這個例子說明了，公司內部決定的每一件事情都有他的理由。假如員工不明白其用意，或許就無法理解制度的重要性，進而輕視公司內部決定的事。

或許有的公司認為強制員工執行就好，不了解用意也沒關係。但在這種情況下，員工雖可以按照指示執行，卻不能加以應用。

該觀念在本節說明的每一條基礎觀念中，都具備重要意義。

3. 平等關係

基恩斯重視平等關係，所以員工之間會互相稱呼「○○先生」，而不是「○○老弟」或「○○部長」。

會議中依照抵達的先後順序入座，哪怕是總經理，來晚了也要敬陪末座。就算搭電梯也一樣，不會說「總經理您先請」，讓高層優先。

或許各位會想「為什麼這麼做？」、「用意是什麼？」，個中意義會延續到接下來的高效報連相。

4. 高效報連相

高效報連相（凡事報告、有事連絡、遇事相商）是怎樣的情況？簡單來說，就是特別貫徹「越糟的事，越快向主管報告」。為什麼能做到這一點？

想必是因為關係平等，心理上更有安全感，即使是壞事也能輕鬆向主管報告。或許聽起來理所當然，不過許多企業員工往往會掩蓋壞事，不輕易告知，導致問題始終存在。

為了提高附加價值再現性，增進企業價值，高效報連相是非常重要的觀念。

5. 培訓

基恩斯在培訓部屬時，會思考主管的「影響度」能擴大到哪裡。

比方說，業務A曾創下銷售額一億日圓（約新臺幣兩千兩百七十二萬元）。若A當上管理人員，擁有兩名部屬，部屬經由A培訓，成功將銷售額兩千萬日圓變成三千萬日圓（增加一千萬日圓）。

這時大家對A的看法，是除了創下銷售額一億日圓，還多了兩千萬日圓的影響度（一千萬日圓乘以兩人）。

關鍵是培訓部屬後，影響度（有益度）能擴大到哪裡，而不是單純的「部屬工作多麼能幹」。

6. 以電話為最優先

我還在基恩斯時，受到的指導是電話響起時，「要在三聲以內接起來」。

接電話的標準是在場的人，最晚**必須在第三聲應答，要是響到第四聲，就是輕視客戶，不以客戶為優先**。順帶一提，第一聲不會接，這是避免應答太快，讓客戶嚇一跳。

最重要的是，銷售額統統都來自於客戶。

換句話說，「以電話為最優先」這句話的用意，就是「以客戶為最優先」。

7. 下班時間、效率

基恩斯員工接受的指導，是盡量避免在假日上班。且下班時間有一定的標準。該公司重視效率，要求員工在時間內結束工作。因此，就算「拚命努力」，若拿不出成果，就不會受到好評。我還記得當時常被主管問：「考量到效率了嗎」、「要是不知道工作的目的會怎樣？」

基恩斯有個觀念是，「具備目的和問題的意識，做出有主體性的行動」。

假如某人工作時，迷惑某事該怎麼辦，主管或周圍的人一定會問：「目的是什麼？」只要釐清自己做事目的後，課題和一切都會明確起來，工作逐漸高效且加速推動進展。

至於那些不知道目的就工作的人，經常白費工夫，效率很差。

8. 開機和關機

身體開機時要精力充沛的工作，關機時要好好休息，意思是要充分享受私生活，這一點基恩斯做得比其他公司更徹底。

基恩斯非常重視「公私分明」，不能把無關生意的利害得失帶進判斷，完全禁止業務上接受私人恩惠的行為，或將公司內的物品挪為私用。

話說回來，也有公司的企業文化和風氣是「公私融合」。

每間企業的風氣都各有不同，這裡列出開、關機，只是想讓讀者知道，這是基恩斯奠定事業基礎的觀念之一。

9. 共通語言

目前介紹的觀念是我認知到的重要見解，而更根本的觀念是共通語言。

將各種話語當成所屬成員的共通語言，使每個人擁有共通認知後，就能加快組織溝通和決策速度，使組織迅速進化。

這裡介紹的項目都有非常重要的意義，但其中最重要的是第二點（所有事物都有意義）。為了順利找出事物的用意，要徹底做到下一節介紹的建立機制。

再現性重點

掌握共通語言、具備共通認知，當組織的目光一致，就能迅速進化。

10 經營者一定要懂的事

相信各位透過目前的說明，能明白為了提升組織再現性，就要徹底建立機制。建立機制必備要素，包括共通語言、共通知識、共通技術、共通工具、共通系統及評估系統，且公司裡每個人都要做到。

所有的努力發揮作用後，便能提升組織效率和可持續性，進而增強競爭力。要加強組織的再現性，共通語言尤為重要。以本書來說，共通語言包括前文出現過的應用、照實面對、影響度等。

充分整頓共通語言，是有效活用知識或技術等要素的基礎。

要是沒有建立共通語言，彼此每次溝通都要花費莫大的時間交換資訊。反之，一旦建立，便能加深理解組織內部，使溝通更加順暢，進而高效完成業務。

此外，共通工具也相當重要。

有時光是口頭說明知識或技術，很難讓客戶充分了解。

比如，就算說「雷射的迴轉角很重要，一秒會迴轉○○次。所以能做出這樣的形狀或功能」，對方也聽不懂你想傳達什麼。另外，要是不同負責人說明方法或內容相異，更容易搞混。

不過，只要圖解或有示範工具等任誰都能懂的輔助說明，那麼不管是哪個業務，都能在講解時，提到：「請先看這張圖（或展示機）。」讓客戶馬上了解商品的特點、優點或價值。

另外，共通工具能讓員工更方便共享資訊或傳承知識，使整體組織更容易複製成功，也就是提升再現性，如此一來，提供客戶的服務品質會很穩定，企業信賴度因此升高。

換句話說，釐清所有事情相當重要。基恩斯深知這點，所以在業務上，會明確定出機制、結構及規則，確保每個人了解和共享所有事，這也是他們能成為再現性企業的原因。

比喻來說，要是棒球沒有明確規定「投球的好球帶在哪裡」，那麼這就不足以成為運動。

對於希望像基恩斯一樣實現高附加價值的公司來說，好球帶是指「創造附加價值」，藉此開創利潤。但許多公司沒訂出明確規則說明要怎麼做才算好，所以員工往往不曉得行動標準，在這種狀態下，不可能產生再現性。

或許有些人會覺得，「因為是基恩斯才做得到」、「我們沒有做到這個程度的能力」。

事情並非如此。

為了提升再現性，需要連同經營者在內所有的員工了解「附加價值是什麼」、「需求是什麼」、「掌握需求意味著什麼」。

成為再現性組織的祕訣，就是先以整頓這樣的基礎為前提，再在基礎之上構築個別的細部機制。請務必參考我從基恩斯學到的概念和觀念，配合你的公司建立並推動機制。

當然，要推動這些，按部就班也很重要。

這裡舉個簡單例子，要是在找到真實需求之前，只聽客戶要求什麼就照做，最後也拿不出效果，徒勞而終。

重點在於依序建立奠定基礎的機制，如此一來就會提升再現性，增進個人和組織應有的生產力和競爭力。

再現性重點

我們必須替共通語言、知識、技術、工具、系統及評估系統建立機制。其中特別重要的是共通語言，這能加深理解組織內部，使溝通更加順暢。

第6章

從現在起，你也能成為再現性人才

1 最短時間獲得再現性行動

目前為止，以各種案例為基礎，講解如何建立再現性高、提升價值的組織機制。最後則要介紹在個人層面上，任誰都能實踐且可立刻活用的再現性提升法。

首先，展開再現性行動——同樣的動作在不同情境下，都能重現。一開始要做到這點，會非常辛苦且花時間。不過只要認真實踐本書目前解說內容，任何人都可以做到。

其次是建立機制，以便能在最短時間內高效執行。

假設某事從零到一得花三小時，當你決定建立機制，「讓第二次行動只花一小時完成，第三次則三十分鐘結束」，跟單純的想「之後也要像這次一樣努力」，兩者差距會非常大。

另外，假如你是經營者或管理人員，想讓公司、部門或團隊具備再現性，就必須確保，思考時要分成個人和組織。

雖說再現性應適用於個人（個別成員）和組織（整個公司、部門或團隊），但若試圖讓兩者同時具備再現性，效果往往不太好。

首先，要聚焦在個人層面來思考。

「每個員工能否發揮再現性行動」，也就是確實且穩定做好每一個制定動作，會影響整個組織的成果。

實際上，我為企業舉辦培訓時，再現性成果首先會體現在個人層面上。之後才提升至組織層面。話說回來，因為組織本質上就是由個人組成的。

許多經營者會先從「宏觀視點」（大戰略）來思考經營。然而，從這個角度思考出來的東西大都不堪一擊，也缺乏再現性。

反之，要是各個員工像士兵一樣強韌，他們行動時遵循會確實拿出成果的機制，再現性和生產力自然都會提升。

假如你以組織一員的身分工作，要先從個人做得到的事和自己可以改變的地方開始。

當你能穩定拿出高超成果，不只自己能發展順利，當你在公司內推廣這些方法，組織便逐漸具備這項能力，最終讓整個部門和公司獲得改善、順利運作。

再現性重點

組織的再現性來自個人的再現性。

2 順利跟不順的事都要寫出來

本書分享再現性人才才知道的工作思維，以及支撐這一點的需求掌握法。

接下來，要具體講解成為再現性人才的步驟：

1. 分類並寫出進展順利和不順的事情。
2. 複製順利，改善不順。
3. 用數字表達行動結果。
4. 用數字展現價值。

首先從第一步說明。

我曾和有高薪收入的再現性人才共事，發現他們都具備一個共通要素，是思考時會劃分順利和不順的事情。比方說，前者包括簽約率上升、價值獲得高度認可、成交單價提高等成功案例；後者則是接單失敗、輸掉競爭等。

為了展開再現性行動，首先要劃分兩者。雖然這是基本動作，不會這麼做的人卻出乎意料的多。

我希望各位先認知兩點。

一是，順利和不順的事常常同時發生。

世上不存在不管做什麼事一直很順利或不斷受到阻饒的人。相信有人能感受到，「自己雖然在業務上總能接到單，其他案子卻做得不順」、「雖然在工作上都沒遇到挫折，家裡卻有各式各樣的問題」。

仔細回顧每天的生活或工作，不管多細微，好事、壞事一定會發生在你身上。

二是，順利的事要寫得比不順還多。

人總是把目光放在不好的事上。

一般來說，人會本能的透過寫出負面的事來抹滅不安。不過，為了提升再現性，必須找出好事並寫下來，以認知到「好事、壞事都會發生」、「這就是自身現狀」，然後重新審視自己。

或許有人會煩惱：「我找不到順利的事情。」

照理說，每個人不管在過去或現在，都曾碰上好事。甚至可以說，降生於這個世上，而且現在這個瞬間正活著；閱讀書籍，產生了學習意願……換個角度想，這些都是順利的事。

我以自身為例，我曾因事業失敗而有段艱困時期。雖然妻子在我身邊，但當時我連房子也租不起，身上不到三日圓，連罐裝咖啡都買不了。

即使如此，我也有碰到好事：「現在給我工作機會的客戶，認可我的價值」、「有個地方可以工作」。

回想當時的情況，我會覺得現在的狀態「多麼值得感謝」、「現在的自己相當順利」。

找不到順利的事的人，或許是感謝標準太高了。現在不妨稍微降低對人事物、狀況的標準，如此一來，一定能找出順利的事。

剛開始，再微不足道的事都沒關係，只要是「曾碰到的好事」和「現在覺得不錯的事」就寫出來。

再現性重點

劃分和整理順利與不順的事，且順利的部分要多寫一點。

3 複製順利，改善不順

寫出順利和不順的事後，接下來要再現好的、改善不好的。

首先，從清單中，留意「沒頻繁發生，雖然細微卻順利的事情」。

假設某業務的順利清單上，有個項目是：「充滿元氣的向客戶打招呼，他便回道：『精神真好啊。我喜歡這份朝氣！』然後好好聽我說話了。」

自己做過的事不管再怎麼細微，只要覺得不錯，就深入思考「為什麼順利」。這樣一來，就可以看到類似這樣的理由：「看著客戶的眼睛，帶著笑容打招呼」、「聲音開朗」、「會看客戶的官網，閱讀總經理的理念，稱讚客戶是『重視人才的公司』，傳達尊敬」。

像這樣不斷回顧之後，就會發現以下的成功理論：「只要客戶開心，就能讓對方好好聽我講。」然後從下一回起，**每次都做一樣的事。只要持續下去，就等於做到再現**。

與此同時，要改善不順的事。例如被經理怒罵：「根本沒做好！」就像深入思考順利的事，出現失敗後，也要仔細想想為什麼被罵。比如，「因為沒有抄筆記，所以忘了經理的指示」、「主管下達指示後，明明該馬上行動卻延後處理」、「沒問截止日期，所以某工作就一直放著沒做」……寫出原因，接著思考改善方案。

以上述例子來說，就是「聽經理說話時必須抄筆記」、「盡快執行」、「確認什麼時候要完成」，只要確實做到，就不會再犯同樣的失誤。

假如不再失誤，且能以此為起點，增加更多順利的事會更理想。

劃分和整理碰到的事情，然後追究理由極為重要。

比方說，業務成功接到客戶的訂單，這是好事，但若因此得意忘形，忘了思考接到訂單的原因，很難複製同樣的成功。

順帶一提，許多公司往往會將目光放在不好的事上，思考「沒接到單」（失敗）的原因，而忽略了另一面，也就是成功接單的理由同樣重要。

為了依照成功理論行動，讓客戶如預期般掏錢買自家公司的商品，而不是偶然購買，就要記得釐清「為什麼他願意買」。

像這樣提高再現性之後，賣掉產品的機率必然上升。不只是業務，行銷和其他工作也一樣，只要找出成功或失敗的原因，自然能做到再現。

再現性重點

分析某事為何能順利進行，然後每次都做一樣的事。

4 用數字表現行動結果

成為再現性人才的第三步，是用數字表現行動結果，以顯示哪件事多順利，然後在組織內共享。

如此一來，不僅在個人層面上，整個組織應有的價值也會慢慢提升。

用數字報告行動結果時，絕對要掌握的重點，是**留意數值**、**變化及基準值**。

例如，業務向主管報告：「這個月簽約率為三〇％。」只是單純講數字。

主管聽了之後，應該會問：「到上個月為止，簽約率多少？」在這個問題中，主管想知道簽約率提升或降低（變化）。

只要明確報告：「原本是一五％，上升到三〇％」，主管就能明白簽約狀況。

不過，就算主管知道這個變化，可能還有疑問：「簽約率三〇％比其他業務人員高嗎？」這時他想知道的是基準值，以便判斷三〇%到底是不是好績效。

只要部屬這時以基準值為依據，報告：「全體業務這個月的平均簽約率為一五%，而我則達成三〇%。」主管就能正確評估成果。

就像這樣，用數字展現行動時，關鍵在於釐清數值、變化及基準值等要素，做到任誰聽了都能立刻掌握那個人的成果。

雖然有點離題，不過這裡想要談談評價——評論某人擁有什麼價值。或許也有人害怕或討厭這個詞，然而，我們生活在與別人的關係中，免不了評價他人或者是被評價。

為了在社會上生存，就必須讓高度評價具備再現性。說得更直接一點，就是不論在哪裡、做什麼事，都能獲得好評。

有人常會埋怨「明明拿出成果，主管卻沒有給我應得的評語」。

當然，原因可能在於公司沒有妥善考核的機制。不過，被評價的人也該用上層聽了秒懂的表達方式，正確傳達成果的價值。

必須留意的是，評價員工的人有時比主管地位更高，可能是總經理，或與你所屬部門完全不同的人事部。他們被繁忙業務追著跑，哪怕只有幾分鐘，也沒時間逐一跟員工個別談話。他們有很多部屬和客戶，有各式責任與接連不斷的會議。要這樣的人「好好聽自己說話以便評估」，根本是強人所難。

對此，被評價的人應當採取的最佳行動，是在幾秒鐘內讓對方了解「你創下龐大成果」。為了讓對方在聽到的瞬間就懂，必須用數值，再藉由變化和基準值，告知數字背後的涵義。

換句話說，想要獲得真正的好評，就一定要主動（或誘使對方）展開對話，然後從一開始就報告：「這個月簽約率從一五％上升到三〇％。全體業務人員這個月的平均簽約率為一五％。我在這當中則達成了三〇％。」好讓對方知道你創造多少成果。

短短幾句話湊足了主管和其他上層的判斷基準，你便可獲得高度評價。

另外，如果你是公司組織的一員，記得將別人還沒做或難以用數字表達的事，整理成數值。例如，公司沒人把接單率、簽約率及其成長率等資料用數字表示，就由你來做。

並不是沒有任何人做，自己就可以跟著不做。想要提升組織的再現性，就該由自己率先行動。

或許有的公司會說「那麼細微的數值用不著逐一列出來」，但是為了釐清行動的結果、讓業務變得高效，就得將順利的事情整理成數字。

就算沒有獲得直屬主管的認可，經營團隊也會珍惜懂得化為數值的人才，即便經營團隊給予的評價不佳，客戶和市場給予的評價也一定會變高。

再現性重點

為了讓對方瞬間了解成果，要告知數值、變化及基準值。

5 最能展現自身價值的方法

用數字展現順利的事和行動結果後，接下來要釐清「可再現的價值有多大」。許多人做不到這一點。要是無法好好利用這些數字，也就是你的行動結果，別人就不會認可個中價值。

比如業務員向業務部長強調自己的成果，談判加薪時，在簡報中將焦點放在「具備價值的數字」上。

業務員：「我以前簽約率為一五％，平均月毛利為三百萬日圓（約新臺幣六十八萬元），一年為三千六百萬日圓（約新臺幣八百八十萬元）。這個月起簽約率為三〇％，平均月毛利為六百萬日圓（約新臺幣一百三十六萬元），一年為七千兩百萬日圓（約新臺幣一千六百三十六萬元），與以前相比，一年提升了毛利三千六百萬日圓。

「假如能在部門內分享我的方法，部門的平均簽約率應可提升到三〇％。我們部門有十名業務，所以一年可提升毛利三億六千萬日圓（約新臺幣八千一百八十萬元）。關於這份企劃，能否聽我充分說明一次呢？」

像這樣報告和提案，即使是忙碌的部長也會願意聽。因為帶來三億六千萬日圓利潤提升方案的員工就在眼前。勾起興趣的語句最好能在一分鐘內說明。

這裡的關鍵部分在於「若能分享方法，一年就可以提升這麼多毛利」。

假如這位業務員只告知「簽約率為三〇％，一年賺七千兩百萬日圓，比之前提升三千六百萬日圓」，那麼主管認為該員工的價值，就是「簽約率從一五％提升到三〇％」、「一年毛利為三千六百萬日圓」（當然，這價值也不小）。

想讓他人對自己印象深刻，重點在於告訴對方，如何在組織推廣具備再現性的成功法。以上述例子來說，「假如個人成果能橫向推廣，讓部門全體成員複製，就會產生三億六千萬日圓（價值）」。

希望成果獲得好評，就要思考怎麼用數字表達成果，如果其他人能複製這份成果，將帶來多大獲利。

順帶一提，將價值化為數字時，事先用 Excel 建立試算表會很方便。試算表上要設置「基於什麼目的做了什麼」、「花了哪些工夫」及「結果怎樣」等項目填寫欄，結果欄則可以填寫前面提到的數字、變化及基準值。

比方說，先列出以下的數字，讓人馬上就懂：「簽約率上升了，一月為二五%，二月為三五%。基準值就是全公司平均簽約率二五%」。不要寫多餘的資訊，要記得讓人在看到的瞬間，就知道那個數值的價值。

這裡傳達的觀念，跟基恩斯業務接近客戶的方法類似。

藉由告訴客戶「引進這項商品後會有這樣的好處」一樣，要告訴主管「假如可以橫向推廣我的成功案例，部門（或團隊）可獲得這種程度成果」。

某種意義上來說，主管是部屬眼中的客戶。對於客戶，必須拿出讓對方信服的提案，而能給主管好提案的員工自然會升遷和加薪。

對於主管或公司，拿出的方針、提案必須交織本書不斷提到的六大價值。此外，除非主管或總經理拜託，否則自己也要懂得會判斷「那個提案跟公司無關」、「對於公司來說價值不大」。

我們要先了解公司應再現什麼價值，接著將價值整理成數字。

再現性重點

為了在組織內推廣再現性方法，要將價值轉換成數值，增添說服力。

6 用數字整理理所當然做的事

成為再現性人才的步驟中，最後一步格外重要。不但有助於提升工作的再現性，如維持效率、產能、確保成果等，對於增進公司內部業務效率來說，也有很大的意義。

首先要將「理所當然做的事」用數字記下來，如此即使是平常不經意做的，也會有意外的發現，讓工作更有效率。

讓我們設想外勤業務的行動，他們幾乎每天都會到處奔波。

假設商務邀約一天有三件，前往第一個磋商地點要一小時，到下一個地方要一小時，移動到第三個地點也要一小時，最後回公司又花了一小時。

在這種情況中，光是移動就用掉四小時。跑業務是理所當然的行動，有些人不太會留意在這裡耗費多少時間。

當我們把這種「理所當然的行動」整理成數字，再看看是否有改善之處。例如，移動時間四小時用在別的工作上，銷售額會成長多少？

不只是業務，對於人事、總務、庶務人員，或是其他負責後勤辦公室業務的人來說，這樣的觀念也很重要。就算是後勤辦公室的業務，也需要懂得使用數字。

即使藉由提高簽約率或業務效率化提升利潤，達成單次或單月目標，對於公司來說，沒有那麼大的影響力。不過，只要從中找出成功理論，然後再現，就會為組織帶來成功。

再現性重點

用數字整理平常理所當然在做的事情，有時會有意外的發現。

7 注意相對值，而非絕對值

用數字展現價值時，絕不能忘記要劃分絕對值和相對值，再加以衡量。

舉例來說，某個業務員月銷售額三百萬日圓，後來簽約率從二五％增加到三三％。光看數字，很多人認為這位業務員的成績「提升八％」。以絕對值來說，簽約率的確提升了八％。但若以相對值來看，從二五％到三三％的成長率，是三二％（八％除以二五％）。

假設簽約率從三％上升到六％，成交價從三十萬日圓（約新臺六萬八千元）提升到四十五萬日圓（約新臺幣十萬兩千元）時，銷售額會提升幾％？

以相對值來看，簽約率從三％成長為六％，提升一〇〇％（翻倍），成交單價則上升一・五倍。換句話說，營收成長了三倍（兩倍成以一・五倍），相當於提升了二〇〇%。

擅長經營相關數字的人，或許覺得這種計算法理所當然。然而，許多人不自覺以絕對值來思考，單純認為「上個月簽約率是三%，這個月提升到六%，只多三%」。所以沒察覺到實質成果是一〇〇%（翻倍）。

為了防止計算錯誤，不妨將在 Excel 上先設定好算式。順帶一提，若個人成果轉變成數字並輸入到試算表上，也能立刻算出來，了解自己對組織產生多少影響。

假設某位業務員原本月銷售額為三百萬日圓，後來簽約率提升三二%，月銷售額就變成三百九十六萬日圓（約新臺幣九十萬元）。

換句話說，月銷售額增加九十六萬日圓（約新臺幣二十萬元），以一年來看，相當於增加一千一百五十二萬日圓（約新臺幣兩百六十二萬元）。假如業務是六人團隊，團隊的年銷售額就會增加六千九百一十二萬日圓（約新臺幣一千五百七十萬元）；如果擁有三十名成員，等於有三億四千五百六十萬日圓（約新臺幣八千五百萬元）。

就像這樣，要盡量做到能立刻計算，更凸顯出你的成果能帶來哪些價值。

否則，別人光看簽約率，會覺得只提升八%，而難得成長率提升三二%，可望帶來三億日圓以上的成果，這種龐大價值卻遭到忽視。

雖然關鍵在於要讓部門單位了解和實踐「用數字記錄價值」的觀念，不過請各位先從自己開始，透過數字、變化及基準值來釐清行動結果，再將這些數字能帶來多少價值，轉變為有形資訊。

再現性重點

處理工作當中數字的變化時，要劃分絕對值和相對值，再加以衡量。

8 談判加薪，再現性是最大的武器

假如你獲得主管或公司的高度好評，就可望升遷或加薪等。

事實上，跟上層面談時，再現性也會成為你獲得好評的關鍵。因為評價者在意的是，「雖然這個人這次拿出了成果，不過將來能拿出同樣的成果嗎？」

日本的僱用制度上，一旦決定員工的薪資金額，就不能輕易降低。此外，提升員工薪資前，上層並不知員工將來是否能創造跟以前一樣的成果。

換句話說，能否再現成果，會成為決定加薪的一大判斷標準。只要提升再現性，薪資就會確實上漲。

接下來，我會舉出具體案例來說明，哪種人能憑實力加薪。

我曾替一家電話服務中心培訓，A幾乎每年都會參加，經過各種努力，從某個月起，他的簽約率大幅上升。爾後，A幾乎年年升遷和加薪，不只達成個人績效、創造成果，還橫向推廣，連部門單位也能拿出龐大的結果。

能擁有這些好成績，是因為A調整自己對客戶的說話方式。

A以自己原有做法為基礎，改善談話方式和架構內容，並向我說明現在和以往說話方式的差異，以及改善後會怎樣，連非常細微的要點都不放過。

聽了A的話，我心想：「他不但能實踐，還條理分明的分享這份成功，今後不管去哪個職場，都會很順利吧。」

只要能像A這樣，詳細且明確將成果傳達給主管或評估者，他們便認為「這個人今後都能確實創下同樣的成績」，於是決定幫他升遷或加薪。

招募面試也一樣。假如要招募跳槽者，一定要問「你具備哪些實績」。說得更直白一點，就是「怎麼工作，可以拿出什麼成果和數值」、「為什麼能創下這個成果」、「能帶給我們公司哪些價值」。

反過來說，在應徵新公司時，除了要釐清「用數字展現成果後，展現其價值有多大」，是否能實現這點，才是企業想知道的資訊。

不管是追求升遷加薪，還是參加面試，「藉由自身影響力開創成果並再現」，會成為你最大的武器。

為了讓面試官信服，必須像這樣表達：

你：「到目前為止，我在 B2B 業務上創造龐大成果。我初進公司時，部門月毛利僅三千萬日圓。為了提升業績，我重頭研究商品，從檢討和選擇目標市場開始，並撰寫文章向客戶宣傳商品價值，建立一套可複製的銷售模式，讓銷售活動具備再現性。

「結果，原本部門平均簽約率從一五％上升到三〇％，月毛利也上升到六千萬日圓。為了讓每個成員拿出同樣的成績，我橫向推廣這個方法，最終，公司紅字變黑字，我因此晉升為部門領導人。要是貴公司錄用我，相信可以實際提升簽約率和利潤，為公司帶來貢獻。」

如此一來，面試官就會對你深感興趣：「真的有人能讓簽約率或利潤提升那麼多嗎？」於是接著提問：「實際上是怎麼做到的？」、「關鍵是什麼？」而你只要把實際做法說出來就行了。假如能有條理的說明，面試官一定會認為「這個人很優秀」、「必須高薪禮遇」。

公司內部評價、招募面試……不論是哪個職務，想獲得好評，必不可少的要素就是再現性和製造價值。

若你身為經營者、管理人員或其他要評估部屬的立場，要留意的是，他們能否製造成果、用數字釐清價值，而非讓聲音大、有能力彰顯自己或「看起來」努力的人獲得好評。

再現性重點

再現性會成為評價的擔保。

9　從僥倖成功，到穩定再現

目前為止，主要解說在個人層面上提升再現性的方法，以及這份結果能打造出什麼樣的成功。

最後，讓我們思考一下，假如你是經營者、領導人、經理或其他管理人員，該怎麼強化組織的再現性。

答案是，組織成員要定期回顧工作，平率約兩週或一個月一次，騰出一小時檢視過去的工作模式。

成為再現性人才的第一步，是寫出順利和不順的事，複製前者，改善後者，想打造再現性組織，第一步也需要做這個步驟。

剛開始每個成員要從個人角度劃分和整理順利和不順的事，再將順利的事以及它能帶來多少價值，用數字記下來並深入思考，「該怎麼才能確實再現」，接著在部門內和團隊內共享。

回顧到最後，把這些數字彙總到 Excel 或 SFA（Sales Force Automation，銷售力自動化）應用程式等，就可以防止錯過偶然發生的成功。

組織裡，總有些人僥倖取得亮眼成績，卻沒有探討背後原因、如何複製，就這樣置之不理，所以之後都未能取得成果。

「不知為何，他的績效一直很好。大概是有業務眼光，而且非常努力。」你的周圍有這種被他人討論的人嗎？不要用眼光或努力概括他們的成果，而要尋找其成功理由，以複製這份成功。

假如仔細觀察順利的人，像是擁有突出銷售額、商務邀約率極高等，一定可以找到其中的理由。只要吸收再傳授給其他成員，就會確實提升組織績效。

環視組織內部，某人的苦惱其他人多半經歷過並早已解決。這就表示，若組織能共享解決方案並通力協助，這個問題理應能馬上解決。反過來說，要是沒做到共享，組織成員很難及時幫忙，導致無法提升再現性。

將個人的成功案例橫向推廣到部門或整個團隊時，要記得替成功的理論建立機制（工具化、系統化、自動化），好讓其他成員複製。

假如成功機制不限個人還包含團隊，不限團隊還包含部門，不限部門還包含其他部門，最後橫向推廣到整個公司，到底會提升多少產能？我認為這是部門成員，甚至整個組織都要思考的問題。

再現性重點

整頓出提升再現性的機制，就算出現問題，也可以馬上解決。

後記
再現性人才，不怕ＡＩ搶工作

或許有人會認為，提升成果、工作能幹或年收入高是一種才能。不過，相信各位看完本書，就會發現任誰都辦得到。

當然，這不是說工作表現跟才能完全無關。只是，我想深入探究「有價值的努力」和「有價值的努力機制」，到執著的程度。現在我想將探究成果傳達給各位。

如目前解說的一樣，只要行動具備高度再現性，便能獲得高評價，進而加薪，你隸屬組織的產能和利潤會跟著提升，開拓更好的社會，帶來的都是好結果。

不過，我認為具備再現性的意義不僅如此。以更寬廣的視野來看，這是「打造更豐富未來的起點」。個人跟組織都要提升再現性，換個方式形容，也可以說是為了開創成果而建立機制，然後進一步系統化和數位化，在那之後則是ＡＩ化。

現在ＡＩ更加進化和普及，許多由人類處理的工作會由ＡＩ接手。

或許有人擔心自己因此沒了工作。的確，不具備再現性的人，也就是被建立機制者使喚的人，工作總有一天會被ＡＩ奪走。

不過，當你成為能掌握需求、開創價值、建立機制，讓個人跟組織都可以複製成功，穩定產生成果的人，也就是再現性人才，就不用擔心會碰到這類煩惱。

本書想強烈告訴各位的，是為了持續創造價值，就少不了再現。

假如每天拚命努力，工作卻不順利，理由就只有一個，就是此時的你不具備再現性。無論是個人或企業，為了持續進步與發展，讓今天比昨天更好，明天比今天更強，創造價值是必要關鍵。

當你給予客戶的價值超越他支付的費用時，他就會感謝你。在工作中，收到客戶道謝的瞬間，你會深刻感受到自己正為他人帶來價值。

但請記住，成功不能只是單次、偶然發生，得持續下去。讓這一點成為可能，就需要建立起長久運作的機制。

如果人跟企業了解「價值 × 再現性」有多重要並實踐，那麼將會獲得更多來自身邊的人與顧客的感謝。如此一來，公司利潤提升、薪水調漲，最終形成人人都能幸福的理想社會。

「打造一個讓人們在工作和生活中，都能獲得感謝的世界」，是我公司的願景。假如本書能幫助各位持續獲得謝意，對我來說，沒有比這更幸運的事了。

我衷心期盼大家成為再現性人才，進而實現這樣的社會。

最後我要向參與本書的相關人士致上深深的感謝：

擔綱本書責任編輯的金山先生；我在撰寫本書時關照我的人，承蒙他們針對再現性提出無數的問題，經過假設和驗證後，我在書裡歸納答案；給敝公司所有成員，讓我們具備再現性，不斷為提升客戶的附加價值而努力；另外，給我難以相見的家人（出版發行時大家都在加拿大）。學習欲望全開的爸爸，今天也在思考新的東西。

我相信本書一定會有所幫助，為你帶來更好的變化。

國家圖書館出版品預行編目（CIP）資料

基恩斯的再現性工作技術：平均年薪超過兩千萬日圓的人怎麼工作？基恩斯員工不靠運氣而是建立模式、複製成果，成為再現性人才。／田尻望著；李友君譯. -- 初版. -- 臺北市：大是文化有限公司，2025.05
240 面；14.8×21 公分（Biz：485）
譯自：いつでも、どこでも、何度でも卓越した成果をあげる　再現性の塊
ISBN 978-626-7648-31-5（平裝）

1. CST：職場成功法

494.35　　114001997

Biz 485

基恩斯的再現性工作技術

平均年薪超過兩千萬日圓的人怎麼工作？基恩斯員工不靠運氣而是建立模式、複製成果，成為再現性人才。

作　　者／田尻望
譯　　者／李友君
校對編輯／楊明玉
副 主 編／陳竑悳
副總編輯／顏惠君
總 編 輯／吳依瑋
發 行 人／徐仲秋
會計部｜主辦會計／許鳳雪、助理／李秀娟
版權部｜經理／郝麗珍、主任／劉宗德
行銷業務部｜業務經理／留婉茹、專員／馬絮盈、助理／連玉
　　　　　　行銷企劃／黃于晴、美術設計／林祐豐
行銷、業務與網路書店總監／林裕安
總 經 理／陳絜吾

出 版 者／大是文化有限公司
　　　　　臺北市 100 衡陽路 7 號 8 樓
　　　　　編輯部電話：（02）23757911
　　　　　購書相關資訊請洽：（02）23757911 分機 122
　　　　　24 小時讀者服務傳真：（02）23756999
　　　　　讀者服務 E-mail：dscsms28@gmail.com
　　　　　郵政劃撥帳號：19983366　戶名：大是文化有限公司

香港發行／豐達出版發行有限公司
　　　　　Rich Publishing & Distribution Ltd
　　　　　香港柴灣永泰道 70 號柴灣工業城第 2 期 1805 室
　　　　　Unit 1805, Ph.2, Chai Wan Ind City, 70 Wing Tai Rd, Chai Wan, Hong Kong
　　　　　Tel：21726513　Fax：21724355
　　　　　E-mail：cary@subseasy.com.hk

封面設計／孫永芳　內頁排版／邱介惠　印刷／鴻霖印刷傳媒股份有限公司
出版日期／2025年5月初版
定　　價／新臺幣 420 元
I S B N／978-626-7648-31-5
電子書 ISBN／9786267648322（PDF）
　　　　　　9786267648339（EPUB）